U0223653

国家出版基金资助项目

俄罗斯数学经典著作译丛

变序的项的极限分布律

BIANXU DE XIANG DE JIXIAN FENBULÜ

［苏］Н.В. 斯米尔诺夫 著

《变序的项的极限分布律》翻译组 译

哈尔滨工业大学出版社
HARBIN INSTITUTE OF TECHNOLOGY PRESS

内 容 简 介

在本书中,斯米尔诺夫研究了秩数为 $k = \lambda n$(λ 为常数,$0 < \lambda < 1$)的中间项,他找到了该项的分布律的渐近正则性的宽广条件. 本书共分两章,主要包括中间项序列,具有固定名次的边项的序列.

本书适合大学师生及数学爱好者参考使用.

图书在版编目(CIP)数据

变序的项的极限分布律/(苏)H. B. 斯米尔诺夫著;《变序的项的极限分布律》翻译组译. —哈尔滨:哈尔滨工业大学出版社,2024.5

(俄罗斯数学经典著作译丛)

ISBN 978 – 7 – 5767 – 1433 – 3

Ⅰ.①变…　Ⅱ.①H…②变…　Ⅲ.①极限定律　Ⅳ.①O211.4

中国国家版本馆 CIP 数据核字(2024)第 100103 号

策划编辑	刘培杰　张永芹
责任编辑	张永芹　李 欣
封面设计	孙茵艾
出版发行	哈尔滨工业大学出版社
社　　址	哈尔滨市南岗区复华四道街 10 号　邮编 150006
传　　真	0451 – 86414749
网　　址	http://hitpress.hit.edu.cn
印　　刷	辽宁新华印务有限公司
开　　本	787 mm × 1 092 mm　1/16　印张 4　字数 66 千字
版　　次	2024 年 5 月第 1 版　2024 年 5 月第 1 次印刷
书　　号	ISBN 978 – 7 – 5767 – 1433 – 3
定　　价	48.00 元

设 $x_1, x_2, \cdots, x_n$ 是 n 个相互独立的随机变量,而且具有同一分布律

$$F(x) = P\{x_k < x\} \quad (k = 1, 2, \cdots, n)$$

我们将要考察这些随机变量的函数

$$\xi_k^{(n)}(x_1, x_2, \cdots, x_n) \quad (k = 1, 2, \cdots, n)$$

这些函数是这样的,对于随机变量的每一组可能值

$$x_1 = x_1^0, x_2 = x_2^0, \cdots, x_n = x_n^0$$

它们分别对应于这一组可能值的由小到大的次序排列中的第一个数值,亦即最小的数值,第二个数值,依此类推,一直到最大的数值. 如果以 l_k^0 代表 $x_1^0, x_2^0, \cdots, x_n^0$ 中的由小到大的次序排列中的第 k 个数值,那么

$$\xi_k^{(n)}(x_1^0, x_2^0, \cdots, x_k^0) = l_k^0$$

这一组可能值里面相等的数值的排列次序谁先谁后是没有关系的.

量 $\xi_k^{(n)}(k = 1, 2, \cdots, n)$ 的全体叫作 $x_1, x_2, \cdots, x_n$ 这组量的变序. 由定义可知,变序的各项形成一个不减的序列

$$\xi_1^{(n)} \leqslant \xi_2^{(n)} \leqslant \cdots \leqslant \xi_n^{(n)}$$

比值 $\dfrac{k}{n}$ 叫作项 $\xi_k^{(n)}$ 的秩.

当 n 增大时,我们假定 $\xi_k^{(n)}$ 的秩趋于一个极限 $\lambda, 0 \leqslant \lambda \leqslant 1. \lambda$ 就叫作序列 $\xi_k^{(n)}$ 在 n 趋于无穷时的极限秩. 在这种假设

下,我们将研究 $\xi_k^{(n)}$ 的分布律.为了简便起见,凡具有不等于 0 与 1 的极限秩的变序的项的序列叫作"中间项"的序列,以区别于具有等于 0 或 1 的极限秩的序列,而后者叫作"边项"的序列.

对于变序中的项的序列的极限分布律的研究是和耿贝尔(Gumbel)、H. B. 斯米尔诺夫(Н. В. Смирнов)、米泽斯(Mises)、弗雷歇(Frechet)、R. A. 费歇尔(R. A. Fisher)、Б. В. 格涅坚科(Б. В. Гнеденко)等人的工作分不开的.对于变序的最小项及最大项的极限分布的较圆满(在公认的意义上)的结果是在 1941 年由格涅坚科[1]得到的.他找到了这两个项的分布律的一切可能的极限类型(在莱维(Levy)与 А. Я. 辛钦(А. Я. Хинчин)的意义下)及其相应的吸引场.格涅坚科还详细地研究了这两项的稳定性问题.关于变序的其他项的序列的极限分布律的研究还没有达到这样的广泛性与完备性.直到现在为止,在这方面的研究只有一些零碎的与片面的结果.

在本书的第 1 章,我们推出中间项的全体极限律型及其吸引场,但是要对于这种项的秩的序列加上某种限制.在第 2 章,我们广泛地应用格涅坚科的方法,把他所得的结果推广到具有固定的"左"名次 k 或"右"名次 $n-k+1$ 的边项 $\xi_k^{(n)}$ 的序列.更进一步的推广,则是我们研究的对象.

◎ 目

录

中间项序列

§1 变序的项的分布函数

设

$$\Phi_{kn}(x) = P\{\xi_k^{(n)} < x\} \tag{1}$$

我们要找出上面给出的分布函数的形式,假定各随机变量 x_m ($m = 1, 2, \cdots, n$) 的共同分布律 $F(x)$ 为已知,以 $E_x^{(m)}$ 表示事件 $x_m < x$. 对于给定的 x 来说,$E_x^{(m)}$ 是相互独立的,而且

$$P(E_x^{(m)}) = F(x)$$

我们作 n 次独立的试验

$$E_x^{(1)}, E_x^{(2)}, \cdots, E_x^{(n)}$$

出现的频率以 $S_n(x)$ 表示. 因为我们所遇到的正是伯努利 (Bernoulli) 的古典情况,所以

$$P\left\{S_n(x) = \frac{m}{n}\right\} = \frac{n!}{m!\,(n-m)!} F^m(x)(1 - F(x))^{n-m} \tag{2}$$

另外,我们有下面简单,但是很重要的关系式

$$P\{\xi_k^{(n)} < x\} = P\left\{S_n(x) \geqslant \frac{k}{n}\right\} \tag{3}$$

因为要想使 $\xi_k^{(n)} < x$ 实现,必须且只需在量 x_m ($m = 1, 2, \cdots, n$) 的序列中,有不少于 k 个项小于 x. 同样可以证出等式

$$P\{\xi_k^{(n)} \leqslant x\} = P\left\{S_n(x+0) \geqslant \frac{k}{n}\right\} \tag{4}$$

其中 $S_n(x+0)$ 代表在变序里不超过 x 的项的频率. 由式(1)(2)与式(3)得到

$$\Phi_{kn}(x) = \sum_{m=k}^{n} \frac{n!}{m!(n-m)!} F^m(x)(1-F(x))^{n-m} \qquad (5)$$

由式(5)可以得到

$$\Phi_{kn}(x) = \frac{n!}{(k-1)!(n-k)!} \int_0^{F(x)} x^{k-1}(1-x)^{n-k} dx \qquad (6)$$

因为如果对式(6)的右端逐次用分部积分法,即可化为式(5)的右端.

设 $\overline{\Phi}_{kn}(x)$ 为随机变量

$$-x_1, -x_2, \cdots, -x_n$$

的变序中的第 k 项的分布函数. $-x_1, -x_2, \cdots, -x_n$ 的共同分布律是

$$\overline{F}(x) = 1 - F(-x)$$

应用式(6),很容易得到关系式

$$\Phi_{n-k+1,n}(x) = 1 - \overline{\Phi}_{kn}(-x) \qquad (7)$$

应用这个关系式,就可以把对于 $\xi_k^{(n)}$ 所得的结果用于第 $n-k+1$ 项 $\xi_{n-k+1}^{(n)}$ 的分布,反之亦然.

§2 变序的中间项的稳定性

1. 设变序的项所组成的序列的极限秩为 $\lambda \left(\lambda = \lim\limits_{n \to +\infty} \dfrac{k}{n} \right)$. 若有一序列的常数 $A_k^{(n)}$ 存在,使得对于任意的 $\varepsilon > 0$,都有

$$P\{|\xi_k^{(n)} - A_k^{(n)}| < \varepsilon\} \to 1 \quad (n \to +\infty) \qquad (8)$$

则称这个序列 $\xi_k^{(n)}$ 是稳定的.

中间项的稳定性的条件问题是很容易解决的. 以后,我们要广泛地利用 §1 中式(3)与式(4)所表达出来的 $\xi_k^{(n)}$ 与 $S_n(x)$ 的分布之间的关系,以便应用关于伯努利情形的古典极限定理. 现在我们先来证明下面的引理.

引理 1　如果常数序列 C_n 与 y_n 满足条件

$$\underline{\lim}[F(C_n) - y_n] = l > 0 \quad (n \to +\infty) \qquad (9)$$

那么

$$P\{S_n(C_n) < y_n\} \to 0 \quad (n \to +\infty) \tag{10}$$

同样,如果常数序列 D_n 与 z_n 满足条件

$$\overline{\lim}[F(D_n) - z_n] = -L < 0 \quad (n \to +\infty) \tag{9'}$$

那么

$$P\{S_n(D_n) > z_n\} \to 0 \quad (n \to +\infty) \tag{10'}$$

事实上,由条件(9)可知,对于足够大的 n,恒有

$$F(C_n) - y_n > \frac{l}{2}$$

所以

$$P\{S_n(C_n) < y_n\} \leqslant P\left\{S_n(C_n) - F(C_n) < -\frac{l}{2}\right\}$$

由此,应用切比雪夫(Чебышев)不等式(在伯努利情形中),便得

$$P(S_n(C_n) < y_n) \leqslant \frac{4F(C_n)(1 - F(C_n))}{nl^2} \leqslant \frac{1}{nl^2}$$

由此即可推得引理 1 中的关系式(10).同样,由条件(9')可以证明式(10').

现在假设,当 $n \to +\infty$ 时

$$\frac{k}{n} \to \lambda \quad (0 < \lambda < 1)$$

令

$$\begin{cases} \overline{a}_\lambda = \inf(x, F(x) > \lambda) \\ \underline{a}_\lambda = \sup(x, F(x) < \lambda) \end{cases} \tag{11}$$

上式的意义就是对于给定的 λ 而言,$\overline{a}_\lambda$ 与 $\underline{a}_\lambda$ 分别等于使相应的括号内不等式成立的 x 的下限与上限. 显然

$$\underline{a}_\lambda \leqslant \overline{a}_\lambda \tag{12}$$

现在我们要证明,如果 $\underline{a}_\lambda = \overline{a}_\lambda$,那么具有极限秩 λ 的中间项 $\xi_k^{(n)}$ 所组成的序列是稳定的.

定理 1　若 $\frac{k}{n} \to \lambda, n \to +\infty, 0 < \lambda < 1$,而且 $\underline{a}_\lambda = \overline{a}_\lambda = a_\lambda$,则对于任意的 $\varepsilon > 0$,有

$$P\{|\xi_k^{(n)} - a_\lambda| < \varepsilon\} \to 1 \quad (n \to +\infty) \tag{13}$$

证明 关系式(13)与下面的两个关系式等价

$$P\{\xi_k^{(n)} \geq a_\lambda + \varepsilon\} \to 0 \quad (n \to +\infty)$$

$$P\{\xi_k^{(n)} \leq a_\lambda - \varepsilon\} \to 0 \quad (n \to +\infty)$$

由式(3)与式(4)知,以上两式等价于下列式子

$$P\left\{S_n(a_\lambda + \varepsilon) < \frac{k}{n}\right\} \to 0 \quad (n \to +\infty) \tag{14}$$

$$P\left\{S_n(a_\lambda - \varepsilon + 0) \geq \frac{k}{n}\right\} \to 0 \quad (n \to +\infty) \tag{14'}$$

另外,根据定理1中的条件,对于任意的 $\varepsilon > 0$,有

$$\lim_{n \to +\infty}\left[F(a_\lambda + \varepsilon) - \frac{k}{n}\right] = F(a_\lambda + \varepsilon) - \lambda > 0 \tag{15}$$

$$\lim_{n \to +\infty}\left[F(a_\lambda - \varepsilon + 0) - \frac{k}{n}\right] = F(a_\lambda - \varepsilon + 0) - \lambda < 0 \tag{15'}$$

应用引理1,由式(15)与式(15′)立刻得到式(14)与式(14′),亦即得到式(13).定理1得证.

2. 在某些特殊条件下,定理1还可以精确些.例如,设除了定理1的条件被满足,另加条件

$$F(a_\lambda - 0) = F(a_\lambda) < \lambda < F(a_\lambda + 0) \tag{16}$$

那么即有

$$P\{\xi_k^{(n)} = a_\lambda\} \to 1 \quad (n \to +\infty) \tag{17}$$

因为,首先我们知道

$$P\{\xi_k^{(n)} = a_\lambda\} = P\left\{\begin{matrix} S_n(a_\lambda) < \dfrac{k}{n} \\[2mm] S_n(a_\lambda + 0) \geq \dfrac{k}{n} \end{matrix}\right\} \geq$$

$$1 - P\left\{S_n(a_\lambda) > \frac{k}{n}\right\} - P\left\{S_n(a_\lambda + 0) < \frac{k}{n}\right\} \tag{18}$$

但由式(16)又知,当 $n \to +\infty$ 时,$F(a_\lambda) - \dfrac{k}{n}$ 与 $\dfrac{k}{n} - F(a_\lambda + 0)$ 皆趋于负极限.所以,由引理1可知,式(18)右端的两个概率皆趋于零,所以式(17)得证.

如果附加的条件(16)换成

4

$$F(a_\lambda - 0) = \lambda < F(a_\lambda + 0) \tag{19}$$

那么同理可得,对于任意的 $\varepsilon > 0$ 有

$$P\{a_\lambda - \varepsilon < \xi_k^{(n)} \leq a_\lambda\} \to 1 \quad (n \to +\infty) \tag{20}$$

如果不要条件(16)与(19),而代以

$$F(a_\lambda - 0) < \lambda = F(a_\lambda + 0) \tag{21}$$

那么对于任意的 $\varepsilon > 0$ 便有

$$P\{a_\lambda \leq \xi_k^{(n)} < a_\lambda + \varepsilon\} \to 1 \quad (n \to +\infty) \tag{22}$$

3. 现在我们假定 $\overline{a}_\lambda > \underline{a}_\lambda$. 在这种情况下,易知

$$F(\underline{a}_\lambda + 0) = F(\overline{a}_\lambda - 0) = \lambda \tag{23}$$

因此,区间 $(\underline{a}_\lambda, \overline{a}_\lambda)$ 成为 $F(x)$ 等于定值的区间($F(x) = \lambda, \underline{a}_\lambda < x \leq \overline{a}_\lambda$). 在这种情形下,具有极限秩 λ 的项 $\xi_k^{(n)}$ 所组成的序列通常是不稳定的. 我们先证以下定理:

定理 2 若 $\underline{a}_\lambda < \overline{a}_\lambda$,当 $n \to +\infty$ 时,λ 是序列 $\xi_k^{(n)}$ 的极限秩,则对于任意的 $\varepsilon > 0$ 有

$$P\{\underline{a}_\lambda - \varepsilon < \xi_k^{(n)} \leq \underline{a}_\lambda\} + P\{\overline{a}_\lambda \leq \xi_k^{(n)} < \overline{a}_\lambda + \varepsilon\} \to 1 \tag{24}$$

证明 应用式(3)与式(4),便得

$$P\{\underline{a}_\lambda - \varepsilon < \xi_k^{(n)} < \overline{a}_\lambda + \varepsilon\} =$$

$$1 - P\{\xi_k^{(n)} \geq \overline{a}_\lambda + \varepsilon\} -$$

$$P\{\xi_k^{(n)} \leq \underline{a}_\lambda - \varepsilon\} =$$

$$1 - P\left\{S_n(\overline{a}_\lambda + \varepsilon) < \frac{k}{n}\right\} -$$

$$P\left\{S_n(\underline{a}_\lambda - \varepsilon + 0) > \frac{k}{n}\right\}$$

但对于任意的 $\varepsilon > 0$,差数 $F(\overline{a}_\lambda + \varepsilon) - \dfrac{k}{n}$ 与 $\dfrac{k}{n} - F(\underline{a}_\lambda - \varepsilon + 0)$ 在 n 足够大时,必是正数.

根据引理 1,上一等式右端的两个概率趋于零,故

$$P\{\underline{a}_\lambda - \varepsilon < \xi_k^{(n)} < \overline{a}_\lambda + \varepsilon\} \to 1 \quad (n \to +\infty) \tag{25}$$

另外,由式(6)及式(23)得知,对于任意的 n 有

$$P\{\underline{a}_\lambda < \xi_k^{(n)} < \overline{a}_\lambda\} = \Phi_{kn}(\overline{a}_\lambda) - \Phi_{kn}(\underline{a}_\lambda + 0) = 0 \tag{26}$$

式(25)及式(26)证明了式(24).

如果应用拉普拉斯(Laplace)极限定理,那么在目前的情况下,可以得到更有决定性的结论. 令

$$\frac{k}{n} = \lambda + \eta_n \tag{27}$$

当 $n \to +\infty$ 时,由假设知 $\eta_n \to 0$. 应用式(3)与式(4)及拉普拉斯的渐近公式,便得

$$P\{\underline{a}_\lambda - \varepsilon < \xi_k^{(n)} \leqslant \underline{a}_\lambda\} =$$

$$P\left\{S_n(\underline{a}_\lambda + 0) \geqslant \frac{k}{n}\right\} -$$

$$P\left\{S_n(\underline{a}_\lambda - \varepsilon + 0) \geqslant \frac{k}{n}\right\} =$$

$$\frac{1}{\sqrt{2\pi}}\int_{t_n}^{+\infty} \mathrm{e}^{-\frac{x^2}{2}}\mathrm{d}x - \frac{1}{\sqrt{2\pi}}\int_{t'_n}^{+\infty} \mathrm{e}^{-\frac{x^2}{2}}\mathrm{d}x + \rho_n \tag{28}$$

其中

$$t_n = \frac{\eta_n \sqrt{n}}{\sqrt{\lambda(1-\lambda)}}$$

$$t'_n = \frac{\frac{k}{n} - F(\underline{a}_\lambda - \varepsilon + 0)}{\sqrt{F(\underline{a}_\lambda - \varepsilon + 0)(1 - F(\underline{a}_\lambda - \varepsilon + 0))}} \sqrt{n}$$

而当 $n \to +\infty$ 时

$$\rho_n \to 0$$

但对于任意的 $\varepsilon > 0$,由假设知,$t'_n \to +\infty$,故由式(28)得知

$$P\{\underline{a}_\lambda - \varepsilon < \xi_k^{(n)} \leqslant \underline{a}_\lambda\} = \frac{1}{\sqrt{2\pi}}\int_{t_n}^{+\infty} \mathrm{e}^{-\frac{x^2}{2}}\mathrm{d}x + r_n(\varepsilon) \tag{29}$$

$$r_n(\varepsilon) \to 0 \quad (n \to +\infty)$$

同理可得

$$P\{\overline{a}_\lambda \leqslant \xi_k^{(n)} < \overline{a}_\lambda + \varepsilon\} = \frac{1}{\sqrt{2\pi}}\int_{-+\infty}^{t_n} \mathrm{e}^{-\frac{x^2}{2}}\mathrm{d}x + r'_n(\varepsilon) \tag{30}$$

$$r'_n(\varepsilon) \to 0 \quad (n \to +\infty)$$

定理 2 亦可由式(29)与式(30)推出. 在这种条件下,$\xi_k^{(n)}$ 为稳定的必要

6

与充分条件是:对于任意的 $\varepsilon > 0$,当 $n \to +\infty$ 时,式(29)或式(30)中的概率之一趋于零. 这只有在以下两种情形下才能实现:

(1) $\eta_n \sqrt{n} \to +\infty$. 在这种情形下,由式(29)与式(30)得知,$\xi_k^{(n)}$ 概率地趋于 $\overline{a}_\lambda$;

(2) $\eta_n \sqrt{n} \to -\infty$,此时 $\xi_k^{(n)}$ 概率地趋于 $\underline{a}_\lambda$.

情形(1)与(2)之中的任何一个都是 $\xi_k^{(n)}$ 为稳定(分别靠近 $\overline{a}_\lambda$ 或 $\underline{a}_\lambda$)的充分与必要条件. 我们再指出一个很有趣的特别情形:若

$$\eta_n \sqrt{n} \to t \quad (n \to +\infty)$$

则 $\xi_k^{(n)}$ 的极限分布函数有两个间断点 $\underline{a}_\lambda$ 与 $\overline{a}_\lambda$,在这两个点的跳跃值分别为

$$p_1^{(\lambda)} = \frac{1}{\sqrt{2\pi}} \int_{\frac{t}{\sqrt{\lambda(1-\lambda)}}}^{+\infty} e^{-\frac{x^2}{2}} dx$$

与

$$p_2^{(\lambda)} = 1 - p_1^{(\lambda)}$$

通常 $\eta_n = o\left(\dfrac{1}{\sqrt{n}}\right)$,即 $t = 0$,所以

$$p_1^{(\lambda)} = p_2^{(\lambda)} = \frac{1}{2}$$

§3　中间项的强稳定性

在定理 1 的条件下,我们已经证明了 $\xi_k^{(n)}$ 概率地趋于 a_λ,还不难证明更强的结果,这个结果相当于独立随机变量和的强大数法则.

定理 3　若 $\overline{a}_\lambda = \underline{a}_\lambda = a_\lambda$,而序列 $\xi_k^{(n)}$ 的极限秩等于 λ,$0 < \lambda < 1$,则 $\xi_k^{(n)}$ 是强稳定的,且

$$P\{\xi_k^{(n)} \to a_\lambda\} = 1 \tag{31}$$

证明　众所周知,要证明式(31),只需证明,对于任意的 $\varepsilon > 0$,级数

$$\sum_{n=1}^{+\infty} P\{|\xi_k^{(n)} - a_\lambda| > \varepsilon\} \tag{32}$$

是收敛的. 在定理 1 的证明中,我们看到,级数(32)的通项等于式(14)与式

(14′)的概率之和. 令

$$\delta = \min\left[\lambda - F(a_\lambda - \varepsilon + 0), F(a_\lambda + \varepsilon) - \lambda\right] \tag{33}$$

则当 n 足够大时,便有

$$P\left\{S_n(a_\lambda + \varepsilon) < \frac{k}{n}\right\} \leqslant$$

$$P\left\{S_n(a_\lambda + \varepsilon) - F(a_\lambda + \varepsilon) < -\frac{\delta}{2}\right\} \tag{34}$$

与

$$P\left\{S_n(a_\lambda - \varepsilon + 0) \geqslant \frac{k}{n}\right\} \leqslant$$

$$P\left\{S_n(a_\lambda - \varepsilon + 0) - F(a_\lambda - \varepsilon + 0) > \frac{\delta}{2}\right\} \tag{34′}$$

注意在伯努利的情形中,我们有①

$$E\left(S_n(a_\lambda + \varepsilon) - F(a_\lambda + \varepsilon)\right)^4 < \frac{3}{n^2}$$

$$E\left(S_n(a_\lambda - \varepsilon + 0) - F(a_\lambda - \varepsilon + 0)\right)^4 < \frac{3}{n^2}$$

因而引用切比雪夫不等式,即得

$$P\left\{\,|S_n(a_\lambda + \varepsilon) - F(a_\lambda + \varepsilon)| > \frac{\delta}{2}\right\} < \frac{48}{n^2\delta^4} \tag{35}$$

$$P\left\{\,|S_n(a_\lambda - \varepsilon + 0) - F(a_\lambda - \varepsilon - 0)| > \frac{\delta}{2}\right\} < \frac{48}{n^2\delta^4} \tag{35′}$$

由式(34)(34′)(35)(35′)可知,当 n 足够大时

$$P\{\,|\xi_k^{(n)} - a_\lambda| > \varepsilon\} < \frac{96}{n^2\delta^4} \tag{36}$$

由此即知,级数(32)收敛,从而式(31)得证.

§4　中间项的极限分布律的类型

1. 我们现在转向研究中间项所组成的序列的极限分布律. 和以前一样,

----

① 参看格涅坚科的《概率论教程》的第 133 页,Москва,1934.

变序的项的极限分布律

当 n 增大时,我们假设所考察的项的秩 $\frac{k}{n}$ 趋于极限 λ,$0 < \lambda < 1$. 我们将会看到,在上述条件下,在许多有实际重要意义的场合中,经过适当的正则化后,中间项的极限分布函数趋于一定的极限. 换言之,经过适当地选择常数 a_n($a_n > 0$) 与 b_n($-\infty < b_n < +\infty$) 之后,便有

$$P\left\{\frac{\xi_k^{(n)} - b_n}{a_n} < x\right\} = \Phi_{kn}(a_n x + b_n) \rightarrow \Phi(x) \qquad (n \rightarrow +\infty) \tag{37}$$

上式在极限分布函数 $\Phi(x)$ 的一切连续点成立. 为了更具体地掌握这个问题,我们首先证明下述定理:

定理 4　设当 $n \rightarrow +\infty$ 时,$\frac{k}{n} \rightarrow \lambda$,$0 < \lambda < 1$. 则对于给定的序列 a_n 与 b_n,式(37)成立的必要与充分条件为

$$\tilde{u}_n(x) = \frac{F(a_n x + b_n) - \lambda_{kn}}{\tau_{kn}} \rightarrow u(x) \qquad (n \rightarrow +\infty) \tag{38}$$

其中

$$\lambda_{kn} = \frac{k}{n+1}, v_{kn} = \frac{n-k+1}{n+1} \tag{38'}$$

$$\tau_{kn} = \sqrt{\frac{\lambda_{kn} v_{kn}}{n+1}} \tag{38''}$$

而增函数 $u(x)$ 由下面等式的 $\Phi(x)$ 唯一确定

$$\Phi(x) = \frac{1}{\sqrt{2\pi}} \int_{-\infty}^{u(x)} e^{-\frac{x^2}{2}} dx \tag{39}$$

为了证明此定理,我们先要证明下述重要引理:

引理 2　如果当 $n \rightarrow +\infty$ 时,项 $\xi_k^{(n)}$ 的名次,即(左)数 k 与(右)数 $n - k + 1$ 同时无限增大,则

$$R_{kn}(x) = \Phi_{kn}(a_n x + b_n) - \frac{1}{\sqrt{2\pi}} \int_{-\infty}^{\tilde{u}_n(x)} e^{-\frac{t^2}{2}} dt \tag{40}$$

一致趋于零.

证明　对于给定的 $\varepsilon > 0$,选择充分大的 T,使得

$$\frac{1}{\sqrt{2\pi}} \int_{T}^{+\infty} e^{-\frac{t^2}{2}} dt < \varepsilon \tag{41}$$

$$\frac{1}{T^2} < \varepsilon \qquad (41')$$

若

$$\tilde{u}_n(x) \leqslant -T$$

则(当 n 足够大时)

$$F(a_n x + b_n) \leqslant \lambda_{kn} - T\tau_{kn} < 1$$

因而根据式(6),有

$$\Phi_{kn}(a_n x + b_n) \leqslant \frac{n!}{(k-1)!(n-k)!} \cdot$$

$$\int_0^{\lambda_{kn}-T\tau_{kn}} x^{k-1}(1-x)^{n-k} dx \leqslant$$

$$\frac{n!}{(k-1)!(n-k)!} \cdot$$

$$\int_0^1 \frac{(x-\lambda_{kn})^2}{T^2 \tau_{kn}^2} x^{k-1}(1-x)^{n-k} dx =$$

$$\frac{n+1}{(n+2)T^2} < \frac{1}{T^2} \qquad (42)$$

由式(42)与式(41′)推知

$$\Phi_{kn}(a_n x + b_n) < \varepsilon \qquad (43)$$

在条件 $\tilde{u}_n(x) \leqslant -T$ 下,由式(41)又有

$$\frac{1}{\sqrt{2\pi}} \int_{-\infty}^{\tilde{u}_n(x)} e^{-\frac{x^2}{2}} dx < \frac{1}{\sqrt{2\pi}} \int_{-\infty}^{-T} e^{-\frac{x^2}{2}} dx < \varepsilon \qquad (44)$$

由式(43)与式(44)得知,若 $\tilde{u}_n(x) \leqslant -T$,而 n 足够大,则

$$|R_{kn}(x)| < \varepsilon \qquad (45)$$

若 $\tilde{u}_n(x) \geqslant T$,则

$$F(a_n x + b_n) \geqslant \lambda_{kn} + T\tau_{kn}$$

故由式(6)与式(41′)得

$$1 - \Phi_{kn}(a_n x + b_n) \leqslant \frac{n!}{(k-1)!(n-k)!} \cdot$$

$$\int_{\lambda_{kn}+T\tau_{kn}}^1 x^{k-1}(1-x)^{n-k} dx \leqslant$$

10

$$\frac{n!}{(k-1)!(n-k)!} \cdot$$

$$\int_0^1 \frac{(x-\lambda_{kn})^2}{T^2 \tau_{kn}^2} x^{k-1}(1-x)^{n-k}\mathrm{d}x < \frac{1}{T^2} < \varepsilon \qquad (46)$$

此外

$$1 - \frac{1}{\sqrt{2\pi}}\int_{-\infty}^{\tilde{u}_n(x)} \mathrm{e}^{-\frac{t^2}{2}}\mathrm{d}t \leqslant \frac{1}{\sqrt{2\pi}}\int_T^{+\infty} \mathrm{e}^{-\frac{t^2}{2}}\mathrm{d}t < \varepsilon \qquad (47)$$

由式(46)与式(47)可见,当 n 足够大时,仍有

$$|R_{kn}(x)| < \varepsilon \qquad (48)$$

现在考虑

$$|\tilde{u}_n(x)| < T \qquad (49)$$

的情况. 这时

$$\Phi_{kn}(a_n x + b_n) = \frac{n!}{(k-1)!(n-k)!} \cdot$$

$$\int_0^{\lambda_{kn}-T\tau_{kn}} x^{k-1}(1-x)^{n-k}\mathrm{d}x +$$

$$\frac{n!}{(k-1)!(n-k)!} \cdot$$

$$\int_{\lambda_{kn}-T\tau_{kn}}^{F(a_n x + b_n)} x^{k-1}(1-x)^{n-k}\mathrm{d}x =$$

$$I_1 + I_2 \qquad (50)$$

由式(42)可知

$$0 < I_1 < \varepsilon \qquad (51)$$

令 $x = \lambda_{kn} + t\tau_{kn}$,则 I_2 变为

$$I_2 = \frac{(n+1)!}{k!(n-k+1)!}\lambda_{kn}^k v_{kn}^{n-k+1} \tau_{kn}\int_{-T}^{\tilde{u}_n(x)} T(t)q_n(t)\mathrm{d}t \qquad (52)$$

其中

$$T_n(t) = \left(1 + t\frac{\tau_{kn}}{\lambda_{kn}}\right)^k \left(1 - t\frac{\tau_{kn}}{v_{kn}}\right)^{n-k+1} \qquad (53)$$

$$q_n(t) = \left(1 + t\frac{\tau_{kn}}{\lambda_{kn}}\right)^{-1} \left(1 - t\frac{\tau_{kn}}{v_{kn}}\right)^{-1} \qquad (54)$$

应用斯特林(Stirling)公式,得

$$\frac{(n+1)!}{k!(n-k+1)!}\lambda_{kn}^{k}v_{kn}^{n-k+1}(n+1)\tau_{kn} = \frac{1+\delta_{n}}{\sqrt{2\pi}} \tag{55}$$

而(须知 k 与 $n-k$ 同时趋于无穷)

$$\delta_{n}\rightarrow 0 \quad (n\rightarrow +\infty) \tag{56}$$

另外,容易算出

$$\frac{T'_{n}(t)}{T_{n}(t)} = -tq_{n}(t)$$

故

$$\ln T_{n}(t) = -\int_{0}^{t}zq_{n}(z)\mathrm{d}z \tag{57}$$

在我们的假设之下,当 $n\rightarrow +\infty$ 时,下列两数

$$\frac{\tau_{kn}}{\lambda_{kn}} = \sqrt{\frac{v_{kn}}{k}}, \frac{\tau_{kn}}{v_{kn}} = \sqrt{\frac{\lambda_{kn}}{n-k+1}}$$

都趋于零,从而式(54)表明,当 $|t| < T$ 时

$$q_{n}(t)\rightarrow 1 \quad (n\rightarrow +\infty) \tag{58}$$

而这个收敛对于 t 来说,是一致的. 据此,由式(57)可知,当 $n\rightarrow +\infty$ 时,有

$$T_{n}(t)\rightarrow \mathrm{e}^{-\frac{t^2}{2}} \quad (|t| < T) \tag{59}$$

由式(52)(56)(59)得

$$I_{2} = \frac{1}{\sqrt{2\pi}}\int_{-T}^{\tilde{u}_{n}(x)}\mathrm{e}^{-\frac{t^2}{2}}\mathrm{d}t + r_{n} \tag{60}$$

此处,当 n 充分大时,对于满足式(49)的一切 x,有

$$|r_{n}| < \varepsilon \tag{61}$$

综合式(50)(51)(60)(61),当 $|\tilde{u}_{n}(x)| < T$ 时,有

$$\left| \Phi_{kn}(a_{n}x + b_{n}) - \frac{1}{\sqrt{2\pi}}\int_{-T}^{\tilde{u}_{n}(x)}\mathrm{e}^{-\frac{t^2}{2}}\mathrm{d}t \right| < 2\varepsilon$$

再结合式(41)可知,当 n 充分大时,有

$$|R_{kn}(x)| < 3\varepsilon \tag{62}$$

但是,当

变序的项的极限分布律

$$|\tilde{u}_n(x)| > T$$

时,根据式(45)与式(48),不等式(62)对于足够大的 n 仍然成立. 这样看来,只要 n 足够大,不等式(62)便对于所有的 x 成立. 引理得证.

借助于引理2,很容易证明定理4.

事实上,在定理4的条件下,当 $n \to +\infty$ 时,名次 k 与 $n-k+1$ 皆趋于无穷. 故由引理2得知, $R_{kn}(x)$ 一致趋于零. 若

$$\tilde{u}_n(x) \to u(x) \quad (n \to +\infty)$$

则立刻得到式(37). 反之,若式(37)成立,则因 $R_{kn}(x) \to 0$,显然有

$$\frac{1}{\sqrt{2\pi}} \int_{-\infty}^{\tilde{u}_n(x)} e^{-\frac{x^2}{2}} dx \to \frac{1}{\sqrt{2\pi}} \int_{-\infty}^{u(x)} e^{-\frac{x^2}{2}} dx \quad (n \to +\infty)$$

上式在 $u(x)$ 的一切连续点上成立. 由此很容易得出式(38). 故条件(38)是极限关系式(37)得以成立的必要与充分条件.

2. 为了尽可能圆满地研究中间项序列的极限分布律,我们引入莱维与辛钦分布律类型的观念.

事实上,设 $\varPhi(x)$ 是这种序列的极限分布律之一,因而,在适当地选取常数 $a_n(a_n > 0)$ 与 b_n , $\frac{k}{n} \to \lambda$ 的条件下,式(37)成立. 现在,若以

$$x'_m = \frac{x_m - b}{a}$$

(其中 $a(a>0)$ 与 b 是两个实数)的变序来代替 x_m 的变序,则各个 x'_m 遵循共同分布律

$$F_1(x) = F(ax + b)$$

(与 $F(x)$ 属同一类型),因而,若以 $\varPhi'_{kn}(x)$ 表示新变序的第 k 项的分布函数,则显然有

$$\varPhi'_{kn}(x) = \varPhi_{kn}(ax + b)$$

由此,根据式(37),得

$$\varPhi'_{kn}\left(a_n x + \frac{a_n b + b_n - b}{a}\right) =$$

$$\varPhi_{kn}(a_n(ax + b) + b_n) \to$$

$$\varPhi(ax + b) \quad (n \to +\infty)$$

由此可见,任何与 $\Phi(x)$ 同型(在莱维与辛钦意义下)的分布律皆可作为某一中间项序列的极限分布律,这个中间项序列的极限秩仍是 λ. 同时,我们看到,在目前的情况下,正如同在随机变量和的极限分布的理论中一样,很自然地要用到辛钦所引进的关于律型的收敛的概念. 我们说,序列的律型

$$T_1,T_2,T_3,\cdots,T_n,\cdots$$

收敛至律型 T,如果存在一个序列的分布函数

$$F_1(x),F_2(x),\cdots,F_n(x),\cdots$$

它们分别属于律型

$$T_1,T_2,\cdots,T_n,\cdots$$

而当 $n\to+\infty$ 时,收敛至一个属于律型 T 的极限分布函数 $F(x)$,根据辛钦[3]的著名定理,律型序列不可能收敛至多于一个的非退化律型(容易看出,凡律型序列皆收敛至退化律型).

独立的随机变量和的极限分布律的近代理论中的另外一个非常有效的概念就是已知律型 $\Phi(x)$ 的吸引场的概念. 将该处所采用的术语稍加调整,今后我们定义,如果在 $\dfrac{k}{n}\to\lambda\,(n\to+\infty)$ 的条件下,式(37)成立,则称律型 $F(x)$ "λ – 吸引"于律型 $\Phi(x)$. 被律型 $\Phi(x)$ 所吸引的所有的分布律 $F(x)$ (更确切地说,律型)的总体称为律型 $\Phi(x)$ 的"λ – 吸引场".

我们当前的任务是确定具有 λ – 吸引场的所有的可能律型. 接下来的任务自然就是,就每一个可能的极限律型,寻求分布律属于此律型的 λ – 吸引场的必要与充分条件. 但是,如果我们对于秩 $\dfrac{k}{n}$ 趋于 λ 的速度不加补充的限制,则同一分布律就会属于几个不同的 λ – 吸引场. 事实上,由 §2 与 §3,我们知道,如果量 $\underline{a}_\lambda$ 与 $\overline{a}_\lambda$ 满足不等式 $\underline{a}_\lambda<\overline{a}_\lambda$,而且,当 $n\to+\infty$ 时

$$\left(\frac{k}{n}-\lambda\right)\sqrt{n}\to t$$

那么分布律序列 $\Phi_{kn}(x)$ 趋于具有两个间断点($\underline{a}_\lambda$ 与 $\overline{a}_\lambda$)的极限律 $\Phi(t,x)$. 在这两个点的跳跃值与 t 有关. 这些律 $\Phi(t,x)$ 显然不属于同一类型. 由此可见,在一般情况下,一个分布函数 $F(x)$ 属于哪个吸引场,不能单单地由分布函数 $F(x)$ 的性质来决定. 但是,我们不久就会看到,如果假定

14

$$\left(\frac{k}{n} - \lambda \right) \sqrt{n} \rightarrow 0 \quad (n \rightarrow + \infty) \tag{63}$$

那么分布函数 $F(x)$ 所属的 λ - 吸引场就完全由 $F(x)$ 的性质所决定. 在条件 (63) 下, 我们将采用名称正则 λ - 吸引与正则 λ - 吸引场.

定理 5　每一律型只能属于一个非退化律 $\Phi(x)$ 的正则 λ - 吸引场.

证明　设随机变量 $x_m (m = 1, 2, \cdots, n)$ 具有共同的分布律 $F(x)$. 可以适当地选取一组常数 $a_n (a_n > 0)$ 和 b_n, 与另一组常数 $a'_n (a'_n > 0)$ 和 b'_n 满足

$$\Phi_{k_n n}(a_n x + b_n) \rightarrow \Phi_1(x) \tag{64}$$

$$\Phi_{k'_n n}(a'_n x + b'_n) \rightarrow \Phi_2(x) \quad (n \rightarrow + \infty) \tag{64'}$$

而且相应的秩 $\dfrac{k}{n}$ 与 $\dfrac{k'}{n}$ 满足正则 λ - 吸引的条件

$$\frac{k}{n} - \lambda = o\left(\frac{1}{\sqrt{n}} \right)$$

$$\frac{k'}{n} - \lambda = o\left(\frac{1}{\sqrt{n}} \right)$$

根据定理 4, 得

$$\frac{F(a_n x + b_n) - \lambda_{kn}}{\tau_{kn}} \rightarrow u_1(x) \quad (n \rightarrow + \infty) \tag{65}$$

其中 $u_1(x)$ 确定于等式

$$\frac{1}{\sqrt{2\pi}} \int_{-\infty}^{u_1(x)} e^{-\frac{x^2}{2}} dx = \Phi_1(x) \tag{66}$$

由吸引的正则性知, 式 (65) 可以写作

$$\frac{F(a_n x + b_n) - \lambda}{\sqrt{\lambda(1 - \lambda)}} \sqrt{n} \rightarrow u_1(x) \quad (n \rightarrow + \infty) \tag{67}$$

同理又有

$$\frac{F(a'_n x + b'_n) - \lambda}{\sqrt{\lambda(1 - \lambda)}} \sqrt{n} \rightarrow u_2(x) \quad (n \rightarrow + \infty) \tag{68}$$

其中 $u_2(x)$ 借助类似于式 (66) 的等式, 而由 $\Phi_2(x)$ 决定. 由定理 4 与式 (68) 显然有

$$\Phi_{k_n n}(a'_n x + b'_n) \rightarrow \Phi_2(x) \quad (n \rightarrow + \infty) \tag{69}$$

如果 $\Phi_1(x)$ 与 $\Phi_2(x)$ 都是非退化律,那么由式(64)与式(69),并根据上述辛钦定理知,它们属于同一类型,因此,定理得证.

3. 我们现在要确定具有(更确切地说,可能具有)正则 λ – 吸引场的极限律(律型)的总体. 首先,我们引进确定这族极限律的基本函数方程.

定理 6 非退化分布律 $\Phi(x)$ 可能具有正则 λ – 吸引场的必要条件是:对于任意整数 $v > 1$,通过式(39)而对应于 $\Phi(x)$ 的非减函数 $u(x)$ 满足方程

$$u(x) = \sqrt{v}u(\alpha_v x + \beta_v) \tag{70}$$

其中 $\alpha_v > 0$ 与 β_v 是两个实常数.

证明 设对于某一中间项序列

$$\Phi_{k_n n}(a_n x + b_n) \to \Phi(x) = \frac{1}{\sqrt{2\pi}}\int_{-\infty}^{u(x)} e^{-\frac{x^2}{2}}dx \quad (n \to +\infty) \tag{71}$$

而

$$\frac{k_n}{n} - \lambda = o\left(\frac{1}{\sqrt{n}}\right)$$

那么,我们在前面已经看到,下面的条件

$$u_n(x) = \frac{F(a_n x + b_n) - \lambda}{\sqrt{\lambda(1-\lambda)}}\sqrt{n} \to u(x) \quad (n \to +\infty) \tag{72}$$

应被满足.

现在考察序列

$$u_v(x), u_{2v}(x), \cdots, u_{sv}(x)\cdots$$

其中 $v > 1$ 为正整数.

由式(72)得

$$u_{mv}(x) = \frac{F(a_{mv} x + b_{mv}) - \lambda}{\sqrt{\lambda(1-\lambda)}}\sqrt{mv} \to u(x) \quad (m \to +\infty)$$

所以

$$\frac{F(a_{mv} x + b_{mv}) - \lambda}{\sqrt{\lambda(1-\lambda)}}\sqrt{m} \to \frac{u(x)}{\sqrt{v}} = u_2(x) \quad (m \to +\infty) \tag{73}$$

令

$$k'_m = \left[\frac{k_{mv}}{v}\right]$$

16

不难得到

$$\frac{k'_m}{m} - \lambda = \frac{k_{mv}}{mv} - \lambda + o\left(\frac{1}{\sqrt{m}}\right) \tag{74}$$

以 $\Phi_1(x)$ 代表非退化分布律

$$\Phi_1(x) = \frac{1}{\sqrt{2\pi}} \int_{-\infty}^{u_1(x)} e^{-\frac{x^2}{2}} dx$$

由定理 4 和式(73)(74)得知,对于任意正整数 v,有

$$\Phi_{k'_m m}(a_{mv} x + b_{mv}) \rightarrow \Phi_1(x) \quad (m \rightarrow +\infty) \tag{75}$$

结合式(71)与式(75),并应用定理 5,便知极限律 $\Phi(x)$ 与 $\Phi_1(x)$ 属于同一类型. 因此,可以找到常数 $\alpha_v > 0$ 与 β_v,以使

$$\Phi_1(x) = \Phi(\alpha_v x + \beta_v)$$

由此即得

$$u_1(x) = u(\alpha_v x + \beta_v)$$

4. 欲研究基本方程(70),我们分别处理三种情况:

(1)设对于某一整数 $v > 1$,我们有

$$\alpha_v > 1$$

在此情况下,当

$$x \geq x_0 = \frac{\beta_v}{1 - \alpha_v}$$

时

$$\alpha_v x + \beta_v \geq x$$

而当 $x < x_0$ 时

$$\alpha_v x + \beta_v < x$$

因为 $u(x)$ 为非减函数,所以

$$u(\alpha_v x + \beta_v) \geq u(x) \quad (x \geq x_0) \tag{76}$$

而

$$u(\alpha_v x + \beta_v) \leq u(x) \quad (x < x_0) \tag{77}$$

由式(70)与式(76)可知,当 $x \geq x_0$ 时,$u(x)$ 不可能取有穷的正值,所以,当 $x \geq x_0$ 时

$$u(x) \leqslant 0$$

或

$$u(x) = +\infty$$

同理,由式(77)可知,当 $x < x_0$ 时, $u(x)$ 不可能取有穷的负值,故当 $x < x_0$ 时

$$u(x) \geqslant 0$$

或

$$u(x) = -\infty$$

假设对于某一 $\xi > x_0$,有

$$u(\xi) \leqslant 0$$

则对于任何 $x > x_0$,当 s 相当大时,有

$$z_s = \alpha_v^s \xi + \beta_v(1 + \alpha_v + \alpha_v^2 + \cdots + \alpha_v^{s-1}) > x$$

因而

$$u(z_s) \geqslant u(x)$$

但由式(70)知

$$v^{\frac{s}{2}} u(z_s) = v^{\frac{s-1}{2}} u(z_{s-1}) = \cdots = \sqrt{v} u(z_1) = u(\xi) \leqslant 0$$

因此,对于任意的 $x > x_0$,有

$$u(x) \leqslant u(z_s) \leqslant 0$$

这个结果与条件 $u(+\infty) = +\infty$ 相矛盾,故当 $x > x_0$ 时,有

$$u(x) = +\infty$$

用同样的方法可证,当 $x < x_0$ 时, $u(x)$ 不可能取有穷的正值. 所以,当 $x < x_0$ 时,有

$$u(x) = -\infty$$

与这样的函数 $u(x)$ 相应的分布律 $\Phi(x)$ 显然是退化的.

因此,若 $\Phi(x)$ 是非退化律且适合式(70),则对于任何 v ,有

$$\alpha_v \leqslant 1$$

(2)现在,设对于某一 v , $\alpha_v = 1$,则式(70)可写作

$$\sqrt{v} u(x + \beta_v) = u(x)$$

容易看出,若 $\beta_v \neq 0$,则函数 $u(x)$ 或对于一切 x 保持定号,或恒等于零. 但这种情况是不可能的,因为不符合下列条件

$$u(+\infty) = +\infty , u(-\infty) = -\infty \qquad (78)$$

因此 $\beta_v = 0$,而式(70)成为

$$\sqrt{v} u(x) = u(x)$$

18

满足这个等式与条件(78)并对应于非退化律的增函数 $u(x)$ 只能是下面这样的函数

$$u(x) = -\infty \quad (x \leqslant A)$$
$$u(x) = 0 \quad (A < x \leqslant B)$$
$$u(x) = +\infty \quad (x > B)$$

在这种情形下,函数 $\Phi(x)$ 有两个间断点,其跳跃值各为 $\frac{1}{2}$.

(3)现在设对于某一 $v, \alpha_v < 1$,则当 $x \leqslant \dfrac{\beta_v}{1-\alpha_v} = x_0$ 时

$$\alpha_v x + \beta_v \geqslant x$$

而当 $x > x_0$ 时

$$\alpha_v x + \beta_v < x$$

所以,当 $x \leqslant x_0$ 时

$$u(\alpha_v x + \beta_v) \geqslant u(x)$$

而当 $x > x_0$ 时

$$u(\alpha_v x + \beta_v) \leqslant u(x)$$

由式(70)得知,当 $x \leqslant x_0$ 时

$$u(x) \leqslant 0$$

或

$$u(x) = +\infty$$

而当 $x > x_0$ 时

$$u(x) \geqslant 0$$

或

$$u(x) = -\infty$$

假设对于某一 $x < x_0$,有

$$u(x) = +\infty$$

因为

$$u(-\infty) = -\infty$$

所以可找到 $\xi < x_0$,使 $u(\xi) < 0$. 但 $\alpha_v < 1$,故有充分大的 s,使得

$$z_s = \alpha_v^s \xi + \beta_v(1 + \alpha_v + \cdots + \alpha_v^{s-1}) > x$$

由此

$$u(z_v) \geqslant u(x) = +\infty$$

故
$$u(z_v) = + \infty$$
但
$$v^{\frac{s}{2}} u(z_v) = v^{\frac{s-1}{2}} u(z_{v-1}) = \cdots = u(\xi) < 0$$
此与上式相矛盾.

因此,对于任何 $x < x_0$,有
$$u(x) < + \infty$$
同法可证,对于任何 $x > x_0$,有
$$u(x) > - \infty$$
据此,当 $x \leqslant x_0$ 时
$$u(x) \leqslant 0$$
而当 $x \geqslant x_0$ 时
$$u(x) \geqslant 0$$
更进一步说,若有一个 $\xi < x_0$,使得
$$u(\xi) = - \infty$$
则对于所有的 $x < x_0$,都有
$$u(x) = - \infty$$
事实上,倘若在这种情况下,又有一个 $x < x_0$,使得
$$u(x) = c \quad (- \infty < c < 0)$$
那么,如我们以前所看到的,当 s 相当大时
$$u(z_s) \geqslant u(x) = c$$
因此
$$u(\xi) \geqslant \frac{c}{v^{\frac{s}{2}}} > - \infty$$
此式与
$$u(\xi) = - \infty$$
相矛盾.

据此,当 $x < x_0$ 时
$$u(x) = - \infty$$
或

20

$$- \infty < u(x) \leqslant 0$$

同法可证,当 $x > x_0$ 时

$$u(x) = + \infty$$

或

$$0 \leqslant u(x) < + \infty$$

若与 $u(x)$ 对应的分布律是非退化的,则一共只有三种可能的结果:

(a)当 $x < x_0$ 时

$$u(x) = - \infty$$

而当 $x > x_0$ 时

$$0 \leqslant u(x) < + \infty$$

(b)当 $x > x_0$ 时

$$u(x) = + \infty$$

而当 $x < x_0$ 时

$$- \infty < u(x) \leqslant 0$$

(c)当 $x \leqslant x_0$ 时

$$- \infty < u(x) \leqslant 0$$

而当 $x > x_0$ 时

$$0 \leqslant u(x) < + \infty$$

我们还要指出,如果 $u(x)$ 对应于非退化律,而且对于某一 $v > 1$,有 $\alpha_v < 1$,那么,对于任何 v,α_v 皆小于 1. 因为 $\alpha_v > 1$ 时,我们已知 $u(x)$ 对应于退化律,而 $\alpha_v = 1$ 时,对应于非退化律的函数 $u(x)$ 不具有上述三种形式之一.

此外,$x_0 = \dfrac{\beta_v}{1 - \alpha_v}$ 这个值显然与 v 无关. 令

$$\overline{\Phi}(x) = \Phi\left(x + \frac{\beta_v}{1 - \alpha_v}\right)$$

则与 $\overline{\Phi}(x)$ 对应的 $\overline{u}(x)$ 为

$$\overline{u}(x) = u\left(x + \frac{\beta_v}{1 - \alpha_v}\right)$$

因而,方程(70)给出

$$v^{\frac{1}{2}}\overline{u}(\alpha_v x) = \overline{u}(x) \tag{79}$$

当 $x < 0$ 时

$$\overline{u}(x) = -\infty$$

而当 $x > 0$ 时

$$0 < \overline{u}(x) < +\infty$$

方程(79)的解是[①]

$$\overline{u}(x) = cx^{\alpha} \quad (\alpha > 0, c > 0, x > 0)$$

$$\overline{u}(x) = -\infty \quad (x < 0)$$

当 $x < 0$ 时

$$-\infty < \overline{u}(x) < 0$$

而当 $x > 0$ 时

$$\overline{u}(x) = +\infty$$

相应的解是

$$\overline{u}(x) = -c(-x)^{\alpha} \quad (c > 0, \alpha > 0, x < 0)$$

$$\overline{u}(x) = +\infty \quad (x > 0)$$

当 $x < 0$ 时

$$-\infty < \overline{u}(x) < 0$$

而当 $x > 0$ 时

$$0 \leqslant \overline{u}(x) < +\infty$$

我们得到下面的解

$$\overline{u}(x) = -c_1 |x|^{\alpha} \quad (c_1 > 0, x < 0)$$

$$\overline{u}(x) = c_2 x^{\alpha} \quad (c_2 > 0, x > 0)$$

综合所获结果,我们得出:

定理 7 具有正则 λ-吸引场的极限分布律型不外乎下列四种:

(1)

$$\begin{cases} \Phi_{\alpha}^{(1)}(x) = \dfrac{1}{\sqrt{2\pi}} \displaystyle\int_{-\infty}^{cx^{\alpha}} e^{-\frac{x^2}{2}} dx & (x \geqslant 0, c > 0) \\ \Phi_{\alpha}^{(1)}(x) = 0 & (x < 0) \end{cases} \tag{80}$$

[①] 参看格涅坚科. Несколько Теорем о степенях Функций Распределения, Учёные записки Моск. гос. Унив. "Математика",Вып. XLV,1940.

变序的项的极限分布律

（2）

$$
\begin{cases}
\varPhi_\alpha^{(2)}(x) = \dfrac{1}{\sqrt{2\pi}} \displaystyle\int_{-\infty}^{-c|x|^\alpha} \mathrm{e}^{-\frac{x^2}{2}} \mathrm{d}x & (x < 0, c > 0) \\[3mm]
\varPhi_\alpha^{(2)}(x) = 1 & (x > 0)
\end{cases}
\tag{80$'$}
$$

（3）

$$
\begin{cases}
\varPhi_\alpha^{(3)}(x) = \dfrac{1}{\sqrt{2\pi}} \displaystyle\int_{-\infty}^{-c_1|x|^\alpha} \mathrm{e}^{-\frac{x^2}{2}} \mathrm{d}x & (x < 0, c_1 > 0) \\[3mm]
\varPhi_\alpha^{(3)}(x) = \dfrac{1}{2} + \dfrac{1}{\sqrt{2\pi}} \displaystyle\int_0^{c_2 x^\alpha} \mathrm{e}^{-\frac{x^2}{2}} \mathrm{d}x & (x > 0, c_2 > 0)
\end{cases}
\tag{80$''$}
$$

（4）

$$
\begin{cases}
\varPhi^{(4)}(x) = 0 & (x \leqslant -1) \\[3mm]
\varPhi^{(4)}(x) = \dfrac{1}{2} & (-1 < x \leqslant 1) \\[3mm]
\varPhi^{(4)}(x) = 1 & (x > 1)
\end{cases}
\tag{80$'''$}
$$

§5　极限律型的正则 λ – 吸引场

1. 在上节里, 我们已经找出一切可能的极限律型. 现在我们建立分布律属于各律型的正则 λ – 吸引场的必要与充分条件.

定理 8　分布律 $F(x)$ 属于律型 $\varPhi_\alpha^{(1)}(x)$ 的正则 λ – 吸引场的必要与充分条件是:

（1）存在一个 x_0, 使得

$$
F(x_0 + 0) = \lambda \tag{81}
$$

对于任意的 $\varepsilon > 0$, 有

$$
F(x_0 + \varepsilon) > \lambda
$$

（2）

$$
\frac{F(x_0 + x) - \lambda}{\lambda - F(x_0 - x)} \to 0 \quad (x \to 0^+) \tag{81$'$}
$$

（3）对于任意的 $\tau > 0$, 有

23

$$\frac{F(x_0 + \tau x) - \lambda}{F(x_0 + x) - \lambda} \to \tau^\alpha \quad (x \to 0^+) \tag{81''}$$

证明 我们先证条件的充分性. 设式(81)(81′)(81″)皆满足. 我们定义 a_n 为一切满足下列不等式的 $x(x>0)$ 中的最小者

$$F(x_0 + x(1-0)) - \lambda \leqslant \frac{1}{\sqrt{n}} \leqslant F(x_0 + x(1+0)) - \lambda \tag{82}$$

由式(81)知,当 $n \to +\infty$ 时, $a_n \to 0$. 由式(81″)知,对任意的 $0 < \varepsilon < 1$ 与 $x > 0$,有

$$\frac{F(x_0 + a_n x) - \lambda}{F(x_0 + a_n(1+\varepsilon)) - \lambda} \to \left(\frac{x}{1+\varepsilon}\right)^\alpha \quad (n \to +\infty) \tag{83}$$

与

$$\frac{F(x_0 + a_n x) - \lambda}{F(x_0 + a_n(1-\varepsilon)) - \lambda} \to \left(\frac{x}{1-\varepsilon}\right)^\alpha \quad (n \to +\infty) \tag{84}$$

但式(83)与式(84)的左边是 ε 的单调函数,而右边对 ε 来说,是连续的. 式(83)与式(84)对于在区间(0,1)内的 ε 来说,是一致收敛的. 因此

$$\frac{F(x_0 + a_n x) - \lambda}{F(x_0 + a_n(1+0)) - \lambda} \to x^\alpha \quad (n \to +\infty) \tag{85}$$

而

$$\frac{F(x_0 + a_n x) - \lambda}{F(x_0 + a_n(1-0)) - \lambda} \to x^\alpha \quad (n \to +\infty) \tag{85'}$$

由 a_n 的定义(82)得

$$\frac{F(x_0 + a_n x) - \lambda}{F(x_0 + a_n(1+0)) - \lambda} \leqslant \sqrt{n}[F(x_0 + a_n x) - \lambda] \leqslant$$

$$\frac{F(x_0 + a_n x) - \lambda}{F(x_0 + a_n(1-0)) - \lambda} \tag{86}$$

由此,应用式(85)与式(85′)便知,对于任何 $x > 0$,有

$$\sqrt{n} \frac{F(x_0 + a_n x) - \lambda}{\sqrt{\lambda(1-\lambda)}} \to \frac{x^\alpha}{\sqrt{\lambda(1-\lambda)}} \tag{87}$$

另外,对于所有的 $x > 0$,有

$$0 \leqslant \sqrt{n}[\lambda - F(x_0 - a_n x)] \leqslant$$

$$\frac{\lambda - F(x_0 - a_n x)}{F(x_0 + a_n x) - \lambda} \cdot \frac{F(x_0 + a_n x) - \lambda}{F(x_0 + a_n(1-0)) - \lambda} \tag{88}$$

24

根据式(81)与式(85′),式(88)的右端在 $n\to+\infty$ 时趋于 $+\infty$. 因此,当 $x<0$ 时,有

$$\sqrt{n}\left[F(x_0+a_nx)-\lambda\right]\to-\infty \qquad (89)$$

由定理4,式(87)与式(89)推出(在条件 $\dfrac{k}{n}=\lambda+o\left(\dfrac{1}{n}\right)$ 下)

$$\Phi_{kn}(x_0+a_nx)\to\frac{1}{\sqrt{2\pi}}\int_{-\infty}^{cx^{\alpha}}\mathrm{e}^{-\frac{x^2}{2}}\mathrm{d}x$$

$$\left(n\to+\infty,c=\frac{1}{\sqrt{\lambda(1-\lambda)}},x>0\right)$$

而

$$\Phi_{kn}(x_0+a_nx)\to0\quad(n\to+\infty,x<0)$$

故极限律属于律型 $\Phi_{\alpha}^{(1)}(x)$,而条件(81)(81′)与(81″)是充分的. 下面证明它们是必要的. 设 $F(x)$ 属于场 $G_{\alpha\lambda}^{(1)}(x)$,而 $G_{\alpha\lambda}^{(1)}$ 在今后的叙述里(为简便起见)代表律型 $\Phi_{\alpha}^{(1)}(x)$ 的正则 λ -吸引场. 于是,对于适当选取的 $a_n(a_n>0)$ 与 b_n,便有

$$\Phi_{kn}(a_nx+b_n)\to\Phi_{\alpha}^{(1)}(x)\quad(n\to+\infty) \qquad (90)$$

而

$$\frac{k}{n}-\lambda=o\left(\frac{1}{\sqrt{n}}\right)$$

根据定理4,当 $x>0$ 时,有

$$\sqrt{n}\left[F(a_nx+b_n)-\lambda\right]\to c_1x^{\alpha}\quad(n\to+\infty) \qquad (91)$$

其中

$$c_1>0,\alpha>0$$

而当 $x<0$ 时,则有

$$\sqrt{n}\left[F(a_nx+b_n)-\lambda\right]\to-\infty\quad(n\to+\infty) \qquad (91')$$

首先,由式(91)容易看出,λ 是函数 $F(x)$ 的值的一个右极限,因为

$$F(a_nx+b_n)\to\lambda\quad(n\to+\infty)$$

而且当 n 充分大时

$$F(a_nx+b_n)>\lambda$$

因此,必有一个 x_0 存在,使得

$$F(x_0 + 0) = \lambda$$

而当 $\varepsilon > 0$ 时

$$F(x_0 + \varepsilon) > \lambda_0$$

其次, 对于任何的 $\varepsilon > 0$, 当 n 充分大时, 有

$$x_0 < a_n x + b_n < x_0 + \varepsilon$$

因而, 对于 $x > 0$, 恒有

$$a_n x + b_n \rightarrow x_0 \quad (n \rightarrow +\infty)$$

由此易知

$$b_n \rightarrow x_0, a_n \rightarrow 0$$

由式 $(91')$ 又知, 对于任意的 $\varepsilon > 0$, 当 n 充分大时, 有

$$a_n \varepsilon + b_n \leqslant x_0$$

因为同时有

$$a_n \varepsilon + b_n > x_0$$

(从某一个 n 开始), 所以

$$\frac{b_n - x_0}{a_n} = \eta_n \rightarrow 0 \quad (n \rightarrow +\infty) \tag{92}$$

现在可以把式 (91) 与式 $(91')$ 写成

$$\sqrt{n}\left[F(x_0 + a_n(x + \eta_n)) - \lambda \right] \rightarrow c_1 x^\alpha \quad (x > 0) \tag{93}$$

$$\sqrt{n}\left[F(x_0 + a_n(x + \eta_n)) - \lambda \right] \rightarrow +\infty \quad (x < 0) \tag{93'}$$

但根据式 (92), 对于任意的 ε, $0 < \varepsilon < 1$, 当 n 充分大时, 有

$$a_n(x - \varepsilon + \eta_n) + x_0 < a_n x + x_0 < a_n(x + \varepsilon + \eta_n) + x_0$$

因而

$$\sqrt{n}\left[F(x_0 + a_n(x - \varepsilon + \eta_n)) - \lambda \right] \leqslant$$

$$\sqrt{n}\left[F(x_0 + a_n x) - \lambda \right] \leqslant$$

$$\sqrt{n}\left[F(x_0 + a_n(x + \varepsilon + \eta_n)) - \lambda \right]$$

因为 ε 是任意小的数, 所以应用式 (93) 便可推出, 对于 $x > 0$, 有

$$\sqrt{n}\left[F(x_0 + a_n x) - \lambda \right] \rightarrow c_1 x^\alpha \quad (n \rightarrow +\infty) \tag{94}$$

同理, 应用式 $(93')$ 可得, 对于 $x < 0$, 有

$$\sqrt{n}\left[F(x_0 + a_n x) - \lambda \right] \rightarrow -\infty \tag{95}$$

26

令 $y > 0$，而 $y \to 0^+$. 因为，当 $n \to +\infty$ 时，$a_n \to 0$，所以对于一切充分小的 y 值，我们可以找到正整数 $n_y = \bar{n}$ 满足下列不等式

$$a_{\bar{n}+1}^- \leqslant y \leqslant a_{\bar{n}}^-$$

由此得到

$$\frac{F(x_0 + a_{\bar{n}+1}^-) - \lambda}{\lambda - F(x_0 - a_{\bar{n}}^-)} \leqslant \frac{F(x_0 + y) - \lambda}{\lambda - F(x_0 - y)} \leqslant$$

$$\frac{F(x_0 + a_{\bar{n}}^-) - \lambda}{\lambda - F(x_0 - a_{\bar{n}+1}^-)}$$

当 $y \to 0^+$ 时，$\bar{n} \to +\infty$. 因此，由式(94)与式(95)得

$$\frac{F(x_0 + y) - \lambda}{\lambda - F(x_0 - y)} \to 0 \quad (y \to 0^+)$$

此即证明式(81′). 此外，对于任意的 $\tau > 0$ 与 $y > 0$，同理可证

$$\frac{F(x_0 + \tau a_{\bar{n}+1}^-) - \lambda}{F(x_0 + a_{\bar{n}}^-) - \lambda} \leqslant \frac{F(x_0 + \tau y) - \lambda}{F(x_0 + y) - \lambda} \leqslant$$

$$\frac{F(x_0 + \tau a_{\bar{n}}^-) - \lambda}{F(x_0 + a_{\bar{n}+1}^-) - \lambda}$$

令 $y \to 0$，由式(94)知，上面不等式的左右两端皆趋于 τ^α，故得式(81″)，所以式(81)(81′)与式(81″)的必要性得证.

2. 我们现在考察律型 $\Phi_\alpha^{(2)}(x)$ 的正则 λ -吸引场(简称场 $G_{\alpha\lambda}^{(2)}$). 下面的定理决定了这个场的内容：

定理 8′　分布律 $F(x)$ 属于场 $G_{\alpha\lambda}^{(2)}$ 的充分与必要条件是有一个 x_0 存在，使得：

（1）
$$F(x_0 - 0) = \lambda \tag{96}$$

对于任意的 $\varepsilon > 0$，有

$$F(x_0 - \varepsilon) < \lambda$$

（2）
$$\frac{\lambda - F(x_0 - x)}{F(x_0 + x) - \lambda} \to 0 \quad (x \to 0^+) \tag{96′}$$

（3）对于任意的 $\tau > 0$，有

$$\frac{\lambda - F(x_0 - \tau x)}{\lambda - F(x_0 - x)} \to \tau^\alpha \quad (x \to 0^+) \tag{96″}$$

证明 这个定理的证明完全可以仿照定理 8 的证明来作. 可是,如果我们应用 §1 中的关系式(7),就可以更快地达到目的. 设 $F(x)$ 属于场 $G_{\alpha\lambda}^{(2)}$, 则适当地选择 $a_n(a_n > 0)$ 与 b_n 之后,就有

$$\Phi_{kn}(a_n x + b_n) \to \Phi_{\alpha}^{(2)}(x) \quad \left(n \to +\infty, \frac{k}{n} = \lambda + o\left(\frac{1}{\sqrt{n}}\right)\right)$$

于是根据式(7),有

$$\overline{\Phi}_{n-k+1,n}(a_n x - b_n) = 1 - \Phi_{kn}(-a_n x + b_n) \to 1 - \Phi_{\alpha}^{(2)}(-x) \tag{97}$$

而且

$$n - k + 1 = n(1 - \lambda) + o(\sqrt{n})$$

但分布律 $1 - \Phi_{\alpha}^{(2)}(-x)$ 属于律型 $\Phi_{\alpha}^{(1)}(x)$, 因而式(97)表明,欲使 $F(x)$ 属于正则 λ-吸引场 $G_{\alpha\lambda}^{(1)}$, 则必须有对称的律 $1 - F(-x)$ 属于正则 $1 - \lambda$-吸引场 $G_{\alpha(1-\lambda)}^{(1)}$. 若将条件(81)(81′)与(81″)中的 $F(x)$ 代以 $1 - F(-x)$, λ 代以 $1 - \lambda$, x_0 代以 $-x_0$, 即相应地得到条件(96)(96′)与(96″). 此定理得证.

3. 下面的定理完全说明了律型 $\Phi_{\alpha}^{(3)}(x)$ 的正则 λ-吸引场(简称场 $G_{\alpha\lambda}^{(3)}$)的内容.

定理 8″ 分布律 $F(x)$ 属于场 $G_{\alpha\lambda}^{(3)}$ 的必要与充分条件是可以找到函数 $F(x)$ 的连续点 x_0, 使得:

(1) $$F(x_0) = \lambda \tag{98}$$

对于任意的 $\varepsilon > 0$, 有

$$F(x_0 - \varepsilon) < F(x_0) < F(x_0 + \varepsilon)$$

(2) 当 $x \to 0^+$ 时,有

$$\frac{F(x_0 + x) - F(x_0)}{F(x_0) - F(x_0 - x)} \to A \tag{98′}$$

其中 A 为正实数.

(3) 对于任意的 $\tau > 0$, 有

$$\frac{F(x_0 + \tau x) - F(x_0)}{F(x_0 + x) - F(x_0)} \to \tau^{\alpha} \quad (x \to 0^+) \tag{98″}$$

证明 我们来证明条件是充分的. 设存在 $F(x)$ 的连续且上升的点满足式(98). 我们定义 a_n 为所有满足下列不等式的 $x(x > 0)$ 中的最小者

变序的项的极限分布律

$$F(x_0 + x(1-0)) - \lambda \leqslant \frac{1}{\sqrt{n}} = F(x_0 + x(1+0)) - \lambda \tag{99}$$

显然,当 $n \to +\infty$ 时,$a_n \to 0$. 由式(98″),对于 $x > 0$ 与任意的 $\varepsilon > 0(0 < \varepsilon < 1)$,有

$$\frac{F(x_0 + a_n x) - \lambda}{F(x_0 + a_n(1 \pm \varepsilon)) - \lambda} \to \left(\frac{x}{1 \pm \varepsilon}\right)^{\alpha} \quad (n \to +\infty) \tag{100}$$

仿前推理,且利用式(100)可知,当 $x > 0$ 时,有

$$\frac{F(x_0 + a_n x) - \lambda}{F(x_0 + a_n(1+0)) - \lambda} \to x^{\alpha} \quad (n \to +\infty) \tag{101}$$

$$\frac{F(x_0 + a_n x) - \lambda}{F(x_0 + a_n(1-0)) - \lambda} \to x^{\alpha} \quad (n \to +\infty) \tag{101′}$$

由此,应用式(99),便得

$$\sqrt{n}\left[F(x_0 + a_n x) - F(x_0)\right] \to x^{\alpha} \quad (n \to +\infty) \tag{102}$$

由式(98′)与式(102)得到:当 $x > 0$ 时,有

$$\sqrt{n}\left[F(x_0) - F(x_0 - a_n x)\right] =$$
$$\sqrt{n}\left[F(x_0 + a_n x) - F(x_0)\right] \cdot$$
$$\frac{F(x_0) - F(x_0 - a_n x)}{F(x_0 + a_n x) - F(x_0)} \to \frac{x^{\alpha}}{A} \quad (n \to +\infty) \tag{103}$$

这样一来,由式(102)与式(103)知,对于函数

$$u_n(x) = \frac{F(x_0 + a_n x) - \lambda}{\sqrt{\lambda(1-\lambda)}} \sqrt{n}$$

得出下列两个关系式:当 $n \to +\infty$ 时,有

$$u_n(x) \to c_1 x^{\alpha} \quad \left(c_1 = \frac{1}{\sqrt{\lambda(1-\lambda)}}, x > 0\right)$$

与

$$u_n(x) \to -c_2 |x|^{\alpha} \quad \left(c_2 = \frac{1}{A\sqrt{\lambda(1-\lambda)}}, x < 0\right)$$

因此,根据定理 4 得知,在

$$\frac{k}{n} = \lambda + o\left(\frac{1}{\sqrt{n}}\right)$$

的条件下,当 $n \to +\infty$ 时,有

$$\Phi_{kn}(x_0 + a_n x) \to \Phi_{\alpha}^{(3)}(x)$$

29

此处 $\Phi_\alpha^{(3)}(x)$ 即式(80″)所规定的函数,而常数 c_1 与 c_2 有上面所示的值,故条件的充分性得证. 现在假定,当 $n \to +\infty$ 时

$$\frac{k}{n} = \lambda + o\left(\frac{1}{\sqrt{n}}\right)$$

并且适当地选择 $a_n(a_n > 0)$ 与 b_n 后,对于 $F(x)$ 有

$$\Phi_{kn}(a_n x + b_n) \to \Phi_\alpha^{(3)}(x)$$

应用定理 4,有

$$u_n(x) = \frac{F(a_n x + b_n) - \lambda}{\sqrt{\lambda(1-\lambda)}}\sqrt{n} \to c_1 x^\alpha \quad (n \to +\infty, x > 0) \tag{104}$$

$$u_n(x) \to -c_2 |x|^\alpha \quad (n \to +\infty, x < 0) \tag{104$'$}$$

其中 c_1, c_2 及 α 是 $\Phi_\alpha^{(3)}(x)$ 的参数.

仿照前面的方法,我们发现,存在 $F(x)$ 的连续点 x_0 满足条件(98),用同样的方法又可证明,当 $n \to +\infty$ 时

$$a_n \to 0, b_n \to x_0, \frac{x_0 - b_n}{a_n} \to 0$$

而且式(104)及式(104′)与下列关系式等价

$$\sqrt{n} \frac{F(x_0 + a_n x) - F(x_0)}{\sqrt{\lambda(1-\lambda)}} \to c_1 x^\alpha \quad (x > 0) \tag{105}$$

$$\sqrt{n} \frac{F(x_0 + a_n x) - F(x_0)}{\sqrt{\lambda(1-\lambda)}} \to -c_2(-x)^\alpha \quad (x < 0) \tag{105$'$}$$

由式(105)与 $a_n \to 0$ 知,和以前一样,可推出条件(98″). 现在只需要证明式(98′)成立.

令 $y \to 0^+$,对于一切充分小的 y,我们可以找到

$$n_y = \bar{n}$$

使得

$$a_{\bar{n}+1}^- \leqslant y \leqslant a_{\bar{n}}^-$$

和以前一样,我们可以得出下列不等式

$$\frac{F(x_0 + a_{\bar{n}+1}^-) - \lambda}{\lambda - F(x_0 - a_{\bar{n}}^-)} \leqslant \frac{F(x_0 + y) - \lambda}{\lambda - F(x_0 - y)} \leqslant$$

$$\frac{F(x_0 + a_{\bar{n}}^-) - \lambda}{\lambda - F(x_0 - a_{\bar{n}+1}^-)}$$

变序的项的极限分布律

由式(105)及式(105′)可知,上式两端都趋于同一极限

$$A = \frac{c_1}{c_2} \quad (\bar{n} \to +\infty)$$

又当 $y \to 0^+$ 时, $\bar{n} \to +\infty$,所以

$$\frac{F(x_0 + y) - \lambda}{\lambda - F(x_0 - y)} \to A \quad (y \to 0^+)$$

综上,定理的证明完成.

4. 现在我们举一个例子. 考察变序的中项的极限分布,假定各随机变量 $x_m(m = 1, 2, \cdots, n)$ 的分布律如下

$$F(x) = \frac{1}{2} - \frac{|x|^\alpha}{2} \quad (-1 < x < 0)$$

$$F(x) = \frac{1}{2} + \frac{x^\beta}{a} \quad \left(0 < x < \left(\frac{a}{2}\right)^{\frac{1}{\beta}}, a > 0\right)$$

$$F(x) = 0 \quad (x < -1)$$

$$F(x) = 1 \quad \left(x > \left(\frac{a}{2}\right)^{\frac{1}{\beta}}\right)$$

若 $\alpha < \beta$,则

$$\frac{F(x) - \frac{1}{2}}{\frac{1}{2} - F(-x)} = \frac{2}{a} x^{\beta - \alpha} \to 0 \quad (x \to 0^+)$$

$$\frac{F(\tau x) - \frac{1}{2}}{F(x) - \frac{1}{2}} \to \tau^\beta \quad (\tau > 0)$$

条件(81)(81′)与(81″)被满足. 极限律属于律型 $\Phi_\alpha^{(1)}(x)$. 令

$$a_n = n^{-\frac{1}{2\beta}} a^{\frac{1}{\beta}}$$

则

$$u(x) = \lim_{n \to +\infty} \frac{\left(F(a_n \tau) - \frac{1}{2}\right) \sqrt{n}}{\frac{1}{2}} = 2x^\beta \quad (x > 0)$$

$$u(x) = -\infty \quad (x < 0)$$

若 $\alpha > \beta$，则当 $x \to 0^+$ 时，有

$$\frac{\dfrac{1}{2} - F(-x)}{F(x) - \dfrac{1}{2}} = \frac{a}{2} x^{\alpha - \beta} \to 0$$

$$\frac{\dfrac{1}{2} - F(-\tau x)}{\dfrac{1}{2} - F(-x)} = \tau^{\alpha}$$

条件(96)(96′)(96″)被满足，中项的极限律属于律型 $\Phi_{\alpha}^{(2)}(x)$，其对应的 $u(x)$ 是（令 $a_n = n^{-\frac{1}{2\alpha}}$）

$$u(x) = \lim_{n \to +\infty} \frac{F(a_n x) - \dfrac{1}{2}}{\dfrac{1}{2}} \sqrt{n} = -|x|^{\alpha} \quad (x < 0)$$

$$u(x) = +\infty \quad (x > 0)$$

若 $\alpha = \beta$，则

$$\frac{F(x) - \dfrac{1}{2}}{\dfrac{1}{2} - F(-x)} = \frac{2}{a}, \quad \frac{F(\tau x) - \dfrac{1}{2}}{F(x) - \dfrac{1}{2}} \to \tau^{\alpha} \quad (x \to 0^+)$$

中项的极限律属于律型 $\Phi_{\alpha}^{(3)}(x)$. 而且，令

$$a_n = n^{-\frac{1}{2\alpha}}$$

则有

$$u(x) = \lim_{n \to +\infty} \frac{F(a_n x) - \dfrac{1}{2}}{\dfrac{1}{2}} \sqrt{n} = -|x|^{\alpha} \quad (x < 0)$$

$$u(x) = \frac{2}{a} x^{\alpha} \quad (x > 0)$$

当 $\alpha = \beta = 1$，而 $a = 2$ 时，即得高斯(Gauss)分布. 显然，在一般情况下，欲使极限律为正态的，我们应当在条件(98′)与(98″)中设 $\alpha = 1, A = 1$.

如果 $F(x)$ 在点 $x_0 (F(x_0) = \lambda)$ 具有导数 $F'(x_0) > 0$，这种情形就会出现. 因为此时若令

32

变序的项的极限分布律

$$a_n = \frac{\sqrt{\lambda(1-\lambda)}}{\sqrt{n}F'(x_0)}$$

则对于任何 x,有

$$\frac{\sqrt{n}\left[F(x_0+a_nx)-F(x_0)\right]}{\sqrt{\lambda(1-\lambda)}}\to x \quad (n\to+\infty)$$

因而

$$\Phi_{kn}(x_0+a_nx) \to \frac{1}{\sqrt{2\pi}}\int_{-\infty}^{x}e^{-\frac{x^2}{2}}\mathrm{d}x \quad (n\to+\infty)$$

$\xi_k^{(n)}$ 的分布渐近于中心在 x_0 而离差等于 a_n^2 的正态分布.

应当指出,如果 $F(x)$ 在点 x_0 处没有有穷导数,那么 $\xi_k^{(n)}$ 的极限分布也可能是正态的. 例如,令

$$F(x) = \frac{1}{2}+\frac{x\ln^2 x}{4c} \quad (0<x<e^{-2}=c)$$

$$\frac{1}{2}-F(-x) = F(x)-\frac{1}{2}$$

$$F(x) = 1 \quad (x>c)$$

$$F(x) = 0 \quad (x<-c)$$

对于任意的 $\tau>0$,有

$$\frac{F(\tau x)-\dfrac{1}{2}}{F(x)-\dfrac{1}{2}} = \tau\left[\frac{\ln\tau+\ln x}{\ln x}\right]^2 \to \tau \quad (x\to 0^+)$$

极限正态律的条件在点 $x=0$ 处得到满足. 令

$$a_n = \frac{2c}{\sqrt{n}\left(\ln\dfrac{\sqrt{n}}{2c}\right)^2}$$

则易知,若

$$k = \frac{n}{2}+o(\sqrt{n})$$

便有

$$2\left[F(a_nx)-\frac{1}{2}\right]\sqrt{n}\to x \quad (n\to+\infty)$$

§6 律型 $\Phi^{(4)}(x)$ 的吸引场

我们现在转向建立律型 $\Phi^{(4)}(x)$ 的 λ -吸引场, 简称为 $\widetilde{G}_\lambda$. 分为几种情形来研究较为方便. 为此, 我们重新看一下 §2 的式(11)所定义的量 $\underline{a}_\lambda$ 与 $\overline{a}_\lambda$. 在 §2, §3 中已经证明, 若 λ -吸引场是正则的, 则凡适合条件 $\underline{a}_\lambda < \overline{a}_\lambda$ 的律 $F(x)$ 皆属于 $\widetilde{G}_\lambda$. 所以, 只需考察

$$\underline{a}_\lambda = \overline{a}_\lambda = a_\lambda$$

的情形. 有了这个等式, 便可能产生下列三种情形之一:

(1) $\lambda = F(a_\lambda + 0)$ 与 $F(a_\lambda - 0) < \lambda$;

(2) $\lambda = F(a_\lambda - 0)$ 与 $F(a_\lambda + 0) > \lambda$;

(3) $F(a_\lambda - 0) = F(a_\lambda + 0) = \lambda$, 因而 a_λ 是 $F(x)$ 的连续点(同时也是上升点).

第四种可能的情形为

$$F(a_\lambda - 0) < \lambda < F(a_\lambda + 0)$$

我们不必理会这种情形, 因为此时 λ 不是 $F(x)$ 的极限值, 亦即 $F(x)$ 不可能属于 $\widetilde{G}_\lambda$. 现在我们来分别研究上述三种可能性:

(1) 设

$$F(a_\lambda + 0) = \lambda$$

而

$$F(a_\lambda - 0) < \lambda$$

若在这种情形下, 分布律 $F(x)$ 属于场 $\widetilde{G}_\lambda$, 则应用定理 4 即知, 如果

$$\frac{k}{n} = \lambda + o\left(\frac{1}{\sqrt{n}}\right)$$

就可以适当地选取 $a_n(a_n > 0)$ 与 b_n, 使得

$$u_n(x) = [F(a_n x + b_n) - \lambda]\sqrt{n} \to \begin{cases} -\infty & (x < -1) & (106) \\ 0 & (|x| < 1) & (106') \\ +\infty & (x > 1) & (106'') \end{cases}$$

$$(n \to +\infty)$$

变序的项的极限分布律

由式(106′)可见,对于任意的 x,$-1 < x < 1$,有

$$a_n x + b_n \to a_\lambda \quad (n \to +\infty) \tag{107}$$

由此即得

$$a_n \to 0, b_n \to a_\lambda \quad (n \to +\infty)$$

由式(106)及式(106′)可知,对于任意的 $\varepsilon > 0$ 与足够大的 n,有

$$a_n(-1-\varepsilon) + b_n < a_\lambda \leqslant a_n(-1+\varepsilon) + b_n$$

所以

$$\eta_n = \frac{a_\lambda - b_n + a_n}{a_n} \to 0 \quad (n \to +\infty) \tag{108}$$

就如同我们在§5中证明式(94)的步骤一样,应用式(107)与式(108),可由式(106)~(106″)推出与之等价的下列关系

$$\sqrt{n}\left[F(a_\lambda + a_n(1+x)) - \lambda \right] \to \begin{cases} -\infty & (x < -1) & (109) \\ 0 & (|x| < 1) & (109') \\ +\infty & (x > 1) & (109'') \end{cases}$$

在我们的假设之下,式(109)是一定被满足的,因为

$$F(a_\lambda - 0) < \lambda$$

现在我们要从式(109′)与式(109″)证明:对于任意的 $\tau > 0$,有

$$\frac{F(a_\lambda + \tau y) - \lambda}{F(a_\lambda + y) - \lambda} \to +\infty \quad (y \to 0^+) \tag{110}$$

事实上,对于一切足够小的 $y > 0$,可以找到 $n_y = \bar{n}$,使得

$$2a_{\bar{n}+1}^- \leqslant y \leqslant 2a_{\bar{n}}^-$$

因而,当 $y \to 0^+$ 时,$\bar{n} \to +\infty$. 对于两个正数 ε 与 η,当 y 足够小时,有

$$\frac{F(a_\lambda + 2a_{\bar{n}+1}^-(1+\varepsilon)) - \lambda}{F(a_\lambda + 2a_{\bar{n}}^-(1-\eta)) - \lambda} \leqslant \frac{F(a_\lambda + (1+\varepsilon)y) - \lambda}{F(a_\lambda + (1-\eta)y) - \lambda}$$

应用式(109′)与式(109″)可得

$$\frac{F(a_\lambda + (1+\varepsilon)y) - \lambda}{F(a_\lambda + (1-\eta)y) - \lambda} \to +\infty \quad (y \to 0^+)$$

以 $\dfrac{x}{1-\eta}$ 代替 y,并令 $\tau = \dfrac{1+\varepsilon}{1-\eta}$,便得式(110).

现在假定式(110)对于一切的 $\tau > 1$ 成立. 我们定义 a_n 为使下列不等式

成立的一切 $x(x>0)$ 中的最小者

$$F(a_\lambda + 2x(1-0)) - \lambda \leqslant \frac{1}{\sqrt{n}} \leqslant F(a_\lambda + 2x(1+0)) - \lambda$$

显然,当 $n \to +\infty$ 时,$a_n \to 0$.

对于任意的 ε 与 ε_1,$0 < \varepsilon_1 < \varepsilon < 1$,由式(110),有

$$\frac{F(a_\lambda + 2a_n(1+\varepsilon)) - \lambda}{F(a_\lambda + 2a_n(1+\varepsilon_1)) - \lambda} \to +\infty \quad (n \to +\infty)$$

由此

$$\frac{F(a_\lambda + 2a_n(1+\varepsilon)) - \lambda}{F(a_\lambda + 2a_n(1+0)) - \lambda} \to +\infty \quad (n \to +\infty)$$

若 $x > 1$,令 $x = 1 + 2z$,则 $z > 0$,而

$$\sqrt{n}[F(a_\lambda + 2a_n(1+z)) - \lambda] \geqslant \frac{F(a_\lambda + 2a_n(1+z)) - \lambda}{F(a_\lambda + 2a_n(1+0)) - \lambda}$$

由此及前一关系得

$$\sqrt{n}[F(a_\lambda + 2a_n(1+z)) - \lambda] \to +\infty \quad (n \to +\infty)$$

此即式(109″).

另外,用同样的方法,可由式(110)得

$$\frac{F(a_\lambda + 2a_n(1-\varepsilon)) - \lambda}{F(a_\lambda + 2a_n(1-0)) - \lambda} \to 0 \quad (n \to +\infty, 0 < \varepsilon < 1)$$

若 $|x| < 1$,则 $x = 1 - 2z$,$0 < z < 1$,而

$$0 \leqslant \sqrt{n}[F(a_\lambda + 2a_n(1-z)) - \lambda] \leqslant \frac{F(a_\lambda + 2a_n(1-z)) - \lambda}{F(a_\lambda + 2a_n(1-0)) - \lambda}$$

所以式(109′)也成立.

由此可见,对于正则的 λ - 吸引场来说,当分布律 $F(x)$ 满足条件 $F(a_\lambda + 0) = \lambda$,$F(a_\lambda - 0) < \lambda$ 时,式(110)乃是 $F(x)$ 属于场 $\widetilde{G}_\lambda$ 的必要与充分条件.

(2)利用相似方法可证,当 $F(x)$ 满足条件 $F(a_\lambda - 0) = \lambda$,$F(a_\lambda + 0) > \lambda$ 时,$F(x)$ 属于场 $\widetilde{G}_\lambda$ 的必要与充分条件是:对于任意的 $\tau > 1$,有

$$\frac{\lambda - F(a_\lambda - \tau y)}{\lambda - F(a_\lambda - y)} \to +\infty \quad (y \to 0^+) \tag{111}$$

(3)较此复杂的是这种情形,即 a_λ 是 $F(x)$ 的连续点,同时又是上升点,

36

亦即

$$F(a_\lambda - 0) = F(a_\lambda + 0) = \lambda$$

而对于任意的 $\varepsilon > 0$，有

$$F(a_\lambda - \varepsilon) < \lambda < F(a_\lambda + \varepsilon)$$

如果在这种情形下，$F(x)$ 属于 $\widetilde{G}_\lambda$，那么可适当地选择 a_n 与 b_n，以满足下列关系式

$$\sqrt{n}\left[F(a_n x + b_n) - \lambda\right] \rightarrow \begin{cases} -\infty & (x < -1) & (112) \\ 0 & (|x| < 1) & (112') \\ +\infty & (x > 1) & (112'') \end{cases}$$

$$(n \rightarrow +\infty)$$

现在我们定义两个正的常数 α_n, β_n。α_n 为使下列不等式成立的诸 $x(x > 0)$ 中的最小者

$$F(a_\lambda + x(1-0)) - \lambda \leqslant \frac{1}{\sqrt{n}} \leqslant F(a_\lambda + x(1+0)) - \lambda \qquad (113)$$

而 β_n 则定义为能使下列不等式成立的诸 $x(x > 0)$ 中的最小者

$$\lambda - F(a_\lambda - x(1-0)) \leqslant \frac{1}{\sqrt{n}} \leqslant \lambda - F(a_\lambda - x(1+0)) \qquad (113')$$

当 n 足够大时，α_n 与 β_n 唯一地被确定，而且，当 $n \rightarrow +\infty$ 时，显然有

$$\alpha_n \rightarrow 0, \beta_n \rightarrow 0$$

由式(112)与式(112″)，对于足够大的 n 与任意的 ε，$0 < \varepsilon < 1$，有

$$F(a_n(1+\varepsilon) + b_n) - \lambda > \frac{2}{\sqrt{n}}$$

$$F(a_n(1-\varepsilon) + b_n) - \lambda < \frac{1}{2\sqrt{n}}$$

$$\lambda - F(a_n(-1-\varepsilon) + b_n) > \frac{2}{\sqrt{n}}$$

$$\lambda - F(a_n(-1+\varepsilon) + b_n) < \frac{1}{2\sqrt{n}}$$

应用式(113)与式(113′)得

$$a_n(1-\varepsilon) + b_n \leqslant a_\lambda + \alpha_n \leqslant a_n(1+\varepsilon) + b_n$$

$$a_n(-1-\varepsilon) + b_n \leqslant a_\lambda - \beta_n \leqslant a_n(-1+\varepsilon) + b_n$$

由此

$$b_n - \varepsilon a_n \leqslant a_\lambda + \frac{\alpha_n - \beta_n}{2} \leqslant b_n + \varepsilon a_n \qquad (114)$$

而

$$1 - \varepsilon \leqslant \frac{\alpha_n + \beta_n}{2a_n} \leqslant 1 + \varepsilon \qquad (114')$$

令

$$b_n = a_\lambda + \frac{\alpha_n - \beta_n}{2} + \varepsilon_n \frac{\alpha_n + \beta_n}{2}$$

而

$$a_n = \frac{\alpha_n + \beta_n}{2}(1 + \theta_n)$$

则由式(114)与式(114')得

$$\frac{1}{1+\varepsilon} \leqslant 1 + \theta_n \leqslant \frac{1}{1-\varepsilon}$$

$$\frac{-\varepsilon}{1+\varepsilon} < \varepsilon_n \leqslant \frac{\varepsilon}{1-\varepsilon}$$

故知

$$\theta_n \to 0, \varepsilon_n \to 0 \quad (n \to +\infty) \qquad (115)$$

式(112)与式(112')可以重写为下列形式

$$\sqrt{n}\left[F\left(\frac{\alpha_n + \beta_n}{2}(1+\theta_n)x + \frac{\alpha_n - \beta_n}{2} + \varepsilon_n \frac{\alpha_n + \beta_n}{2} + a_\lambda \right) - \lambda \right] \to$$

$$\begin{cases} -\infty & (x < -1) \\ 0 & (|x| < 1) \\ +\infty & (x > 1) \end{cases}$$

由式(115)易知,上述关系式等价于下列式子

$$\sqrt{n}\left[F\left(\frac{\alpha_n + \beta_n}{2}x + \frac{\alpha_n - \beta_n}{2} + a_\lambda \right) - \lambda \right] \to$$

$$\begin{cases} -\infty & (x < -1) & (116) \\ 0 & (|x| < 1) & (116') \\ +\infty & (x > 1) & (116'') \end{cases}$$

变序的项的极限分布律

关系式(116)~(116″)是在情形(3)中与正则的 λ – 吸引场下，$F(x)$ 属于场 $\widetilde{G}_\lambda$ 的必要与充分条件.

总结在本节中的情形(1)(2)(3)所得的结果，我们得出下述定理：

定理 9　在正则的 λ –吸引场下，分布律 $F(x)$ 属于场 $\widetilde{G}_\lambda$ 的必要与充分条件是下列四个条件中的任一个：

（1）

$$\underline{a}_\lambda < \overline{a}_\lambda$$

（2）

$$\underline{a}_\lambda = \overline{a}_\lambda = a_\lambda, F(a_\lambda + 0) = \lambda, F(a_\lambda - 0) < \lambda$$

而对于一切 $\tau > 1$，有

$$\frac{F(a_\lambda + \tau y) - \lambda}{F(a_\lambda + y) - \lambda} \to +\infty \quad (y \to 0^+)$$

（3）

$$\underline{a}_\lambda = \overline{a}_\lambda = a_\lambda, F(a_\lambda - 0) = \lambda, F(a_\lambda + 0) > \lambda$$

而对于一切 $\tau > 1$，有

$$\frac{\lambda - F(a_\lambda - \tau y)}{\lambda - F(a_\lambda - y)} \to +\infty \quad (y \to 0^+)$$

（4）

$$\underline{a}_\lambda = \overline{a}_\lambda = a_\lambda, F(a_\lambda - 0) = F(a_\lambda + 0) = \lambda$$

而当 $n \to +\infty$ 时

$$\sqrt{n}\left[F\left(a_\lambda + \frac{\alpha_n - \beta_n}{2} + \frac{\alpha_n + \beta_n}{2}x\right) - \lambda \right] \to \begin{cases} -\infty & (x < -1) \\ 0 & (|x| < 1) \\ +\infty & (x > 1) \end{cases}$$

其中 α_n 与 β_n 分别由不等式(113)与不等式(113′)定义.

我们现在再给一个充分条件如下：

定理 10　如果分布律 $F(x)$ 满足条件

$$F(a_\lambda - 0) = F(a_\lambda + 0) = \lambda$$

那么 $F(x)$ 属于场 $\widetilde{G}_\lambda$ 的充分条件是：对于任意一个 $\tau > 1$，有

$$\frac{F(a_\lambda + \tau x) - \lambda}{F(a_\lambda + x) - \lambda} \to +\infty \quad (x \to 0^+) \tag{117}$$

$$\frac{\lambda - F(a_\lambda - \tau x)}{\lambda - F(a_\lambda - x)} \to +\infty \quad (x \to 0^+) \qquad (117')$$

证明 设适合条件

$$F(a_\lambda - 0) = F(a_\lambda + 0) = \lambda$$

的分布律 $F(x)$ 满足条件(117)及(117′). 用式(113)与式(113′)定义 α_n 与 β_n, 并重复上述论证, 可得

$$\sqrt{n}\big[F(a_\lambda + \alpha_n(1+\varepsilon)) - \lambda\big] \to +\infty \qquad (118)$$

$$\sqrt{n}\big[F(a_\lambda + \alpha_n(1-\varepsilon)) - \lambda\big] \to 0 \quad (n \to +\infty, 0 < \varepsilon < 1) \qquad (118')$$

在式(118)中, 令 $\varepsilon = \dfrac{x-1}{2}, x > 1$; 在式(118′)中, 令 $\varepsilon = \dfrac{1-x}{2}, -1 < x < 1$, 则得

$$\sqrt{n}\Big[F\Big(a_\lambda + \frac{\alpha_n - \beta_n}{2} + \frac{\alpha_n + \beta_n}{2}x + \frac{\beta_n}{2}(1-x)\Big) - \lambda\Big] \to$$

$$\begin{cases} +\infty & (x > 1) \\ 0 & (|x| < 1) \end{cases} \quad (n \to +\infty)$$

由此即可推出式(116′)与式(116″).

同理, 由式(117′), 可得式(116).

例如, 令

$$F(x) = \frac{1}{2} + \frac{\mathrm{e}^{-\frac{1}{x}}}{2} \quad (x > 0)$$

$$F(x) = \frac{1}{2} + \frac{x}{2} \quad (-1 < x < 0)$$

$$F(x) = 0 \quad (x < -1)$$

定义 α_n 与 β_n, 得

$$\alpha_n = \frac{1}{\ln \dfrac{\sqrt{n}}{2}}, \beta_n = \frac{2}{\sqrt{n}}$$

对于 $\lambda = \dfrac{1}{2}, a_\lambda = 0$, 条件(116)~(116″)被满足. 所以变序的中项的分布律趋于 $\Phi^{(4)}(x)(n \to +\infty)$. 但此函数 $F(x)$ 并不适合条件(117′).

40

§7　(λ,t) – 吸引场

设

$$\frac{k}{n} = \lambda + \frac{t}{\sqrt{n}} + o\left(\frac{1}{\sqrt{n}}\right)$$

则当 $n \to +\infty$ 时

$$\sqrt{n}\left[\frac{k}{n} - \lambda\right] \to t \tag{119}$$

如果式(119)成立,并且适当地选取常数序列 $a_n > 0$ 与 b_n 之后,对于函数 $F(x)$ 有

$$\Phi_{kn}(a_n x + b_n) \to \Phi(x) \quad (n \to +\infty) \tag{120}$$

那么我们就说,分布律 $F(x)$ 属于律型 $\Phi(x)$ 的 (λ,t) – 吸引场. 当 $t = 0$ 时,即是正则吸引场. 相应于 (λ,t) – 吸引场的极限律型是容易确定的. 我们有下述定理:

定理 11　非退化分布律

$$\Phi(x) = \frac{1}{\sqrt{2\pi}} \int_{-\infty}^{u(x)} e^{-\frac{x^2}{2}} \mathrm{d}x$$

可能有 (λ,t) – 吸引场的必要与充分条件是:分布律

$$\Phi_1(x) = \int_{-\infty}^{u(x) + c_\lambda t} e^{-\frac{x^2}{2}} \mathrm{d}x$$

有正则 λ – 吸引场.

证明　对于某 a_n 与 b_n,设式(119)与式(120)成立,则据定理4,有

$$\frac{F(a_n x + b_n) - \lambda_{kn}}{\sqrt{\lambda_{kn}(1 - \lambda_{kn})}} \sqrt{n} \to u(x) \quad (n \to +\infty) \tag{121}$$

$$\lambda_{kn} = \frac{k}{n+1}$$

由此

$$\frac{F(a_n x + b_n) - \lambda}{\sqrt{\lambda(1 - \lambda)}} \sqrt{n} \to u(x) + t c_\lambda \quad (n \to +\infty) \tag{122}$$

若令

$$k' = \lceil n\lambda \rceil$$

41

则由定理 4 与式(122)得

$$\Phi_{k'n}(a_n x + b_n) \to \frac{1}{\sqrt{2\pi}} \int_{-\infty}^{u(x)+tc_\lambda} \mathrm{e}^{-\frac{x^2}{2}} \mathrm{d}x = \Phi_1(x) \qquad (123)$$

故 $\Phi_1(x)$ 有正则 λ – 吸引场.

设 $\Phi_1(x)$ 属于具有正则 λ – 吸引场的极限律型,则对于某一正则秩序列

$$\frac{k'}{n} = \lambda + o\left(\frac{1}{\sqrt{n}}\right)$$

及适当选择的 $a_n > 0$ 与 b_n,得式(123),因此也有式(122). 令

$$k = \left[k' + t\sqrt{n}\right]$$

则式(121)与式(119)显然被满足,因而式(120)也成立. 定理得证.

42

变序的项的极限分布律

具有固定名次的边项的序列

§1 变序的边项的稳定性

现在转向研究变序的边项的序列的极限分布,我们限于考察具有固定左名次 k 或固定右名次 $n-k+1$ 的项. 更广泛的情形是,当 $n \to +\infty$ 时,秩的极限为 $0\left(\dfrac{k}{n} \to 0\right)$ 或 $1\left(\dfrac{k}{n} \to 1\right)$,这种情形将另行撰文讨论. $k=1$ 与 $n-k+1=1$ 的情形对应于变序的最小项与最大项,已被格涅坚科彻底研究过了[1]. 我们将要证明,格涅坚科的结果很容易推广到当 $n \to +\infty$ 时左名次或右名次保持不变的情形. 凡是具有固定左名次的项的序列的结果都可以通过第 1 章中的公式(7)用于固定右名次的情形. 我们首先研究具有固定名次 k 的项的序列 $\xi_k^{(n)}$ 的稳定性问题,先证明下列引理:

引理 3 若 k 为常数,则对于任意的 x,分布函数 $\Phi_{kn}(x)$ 满足下列不等式

$$\frac{(1-\sigma_n)}{(k-1)!} \int_0^{nF(x)} \mathrm{e}^{-x} x^{k-1} \mathrm{d}x \leqslant \Phi_{kn}(x) \leqslant$$

$$\frac{(1+\rho_n)}{(k-1)!} \int_0^{nF(x)} \mathrm{e}^{-x} x^{k-1} \mathrm{d}x \tag{124}$$

其中

$$\rho_n > 0, \sigma_n > 0$$

43

而当 $n \rightarrow +\infty$ 时,有

$$\rho_n \rightarrow 0, \sigma_n \rightarrow 0$$

由式(6)易知

$$\Phi_{kn}(x) = \frac{n(n-1)\cdots(n-k+1)}{(n-k)^k(k-1)!} \cdot$$

$$\int_0^{(n-k)F(x)} x^{k-1}\left(1 - \frac{x}{n-k}\right)^{n-k} \mathrm{d}x \leqslant$$

$$\frac{1+\rho_n}{(k-1)!}\int_0^{nF(x)} x^{k-1}\mathrm{e}^{-x}\mathrm{d}x \tag{125}$$

$$\rho_n = \left(1 + \frac{1}{n-k}\right)\left(1 + \frac{2}{n-k}\right)\cdots\left(1 + \frac{k}{n-k}\right) - 1 = o(1) \tag{126}$$

另外,用变换

$$\frac{x}{1-x} = \frac{y}{n+1}$$

于式(6)中的积分,得

$$\Phi_{kn}(x) = \frac{n(n-1)\cdots(n-k+1)}{(k-1)!(n+1)^k} \cdot \int_0^{\frac{(n+1)F(x)}{1-F(x)}} y^{k-1}\left(1 + \frac{y}{n+1}\right)^{-n-1}\mathrm{d}y$$

由此

$$\Phi_{kn}(x) \geqslant \frac{1-\sigma_n}{(k-1)!}\int_0^{nF(x)} y^{k-1}\mathrm{e}^{-y}\mathrm{d}y \tag{127}$$

$$\sigma_n = \left(1 - \frac{1}{n+1}\right)\left(1 - \frac{2}{n+1}\right)\cdots\left(1 - \frac{k}{n+1}\right) - 1 = o(1) \tag{128}$$

结合式(125)(126)(127)(128),即得式(124).

引理4 当 n 增加时,若项 $\xi_k^{(n)}$ 的名次不变,则 $\xi_k^{(n)}$ 为稳定的必要与充分条件是:能适当地选择常数 A_n,使得对于任意的 $\varepsilon > 0$,下列关系式成立

$$nF(A_k^{(n)} + \varepsilon) \rightarrow +\infty \quad (n \rightarrow +\infty) \tag{129}$$

$$nF(A_k^{(n)} - \varepsilon) \rightarrow 0 \quad (n \rightarrow +\infty) \tag{129'}$$

事实上,若 $\xi_k^{(n)}$(k 为常数)是稳定的,则必有常数序列 $A_k^{(n)}$ 存在,而当 $\varepsilon > 0$ 任意时,有下列两式

$$\Phi_{kn}(A_k^{(n)} + \varepsilon) \rightarrow 1 \quad (n \rightarrow +\infty) \tag{130}$$

$$\Phi_{kn}(A_k^{(n)} - \varepsilon) \rightarrow 0 \quad (n \rightarrow +\infty) \tag{130'}$$

应用式(124)中的右侧不等式,使

变序的项的极限分布律

$$x = A_k^{(n)} + \varepsilon$$

则由式(130)容易推出式(129). 同样,应用式(124)中的左侧不等式,使

$$x = A_k^{(n)} - \varepsilon$$

即可由式(130′)推出式(129).

反之,若有一常数 $A_k^{(n)}$ 存在,对于任意的 $\varepsilon > 0$,式(129)与(129′)成立,则由式(124)即得式(130)与(130′),因而 $\xi_k^{(n)}$ 为稳定的. 证毕.

引理 4 的一个简单结果是关于这种情形的:当 $x \leqslant x_0$ 时

$$F(x) = 0$$

而当 $x > x_0$ 时

$$F(x) > 0$$

因而,随机变量 $x_s (s = 1, 2, \cdots, n)$ 总有左界. 在这种情形下,$\xi_k^{(n)}$ 对于固定的 k 是稳定的,因为,若令 $A_k^{(n)} = x_0$,则引理 2 的式(129)与(129′)对于任意的 $\varepsilon > 0$ 显然成立. 所以,今后只需考虑对于任意的 $x, F(x) > 0$ 的情形.

用格涅坚科的方法容易证明下述定理,这个定理给出在刚才所说的情形下稳定性的必要与充分条件.

定理 12　若对于任意 $x, F(x) > 0$,则具有固定名次 k 的项的序列为稳定的必要与充分条件是:对于任意的 $\varepsilon > 0$,有

$$\lim_{x \to +\infty} \frac{F(x - \varepsilon)}{F(x)} = 0 \tag{131}$$

证明　若序列 $\xi_k^{(n)}$ 为稳定的,则由引理 4,对于某一常数序列 $A_k^{(n)}$ 及任意的 $\varepsilon > 0$,应用(129)及(129′)知

$$A_k^{(n)} \to -\infty \quad (n \to +\infty)$$

对于充分大的 $-x$,可以找到 $n_x = \bar{n}$,使得

$$A_k^{(\bar{n})} \leqslant x \leqslant A_k^{(\bar{n}-1)}$$

对于任意的 $\eta > 0$,有

$$F(A_k^{(\bar{n})} - \eta) \leqslant F(x - \eta) \leqslant F(A_k^{(\bar{n}-1)} - \eta)$$

$$F(A_k^{(\bar{n})} + \eta) \leqslant F(x + \eta) \leqslant F(A_k^{(\bar{n}-1)} + \eta)$$

因而

$$\frac{F(x - \eta)}{F(x + \eta)} \leqslant \frac{F(A_k^{(\bar{n}-1)} - \eta)}{F(A_k^{(\bar{n})} + \eta)} \tag{132}$$

若 $x \to -\infty$，则 $\bar{n} \to +\infty$，应用式（129）及（129′），由不等式（132）得，对于任意的 $\eta > 0$，有

$$\frac{F(x-\eta)}{F(x+\eta)} \to 0 \quad (x \to -\infty)$$

此即式（131）. 故条件（131）为必要的.

设式（131）成立. 定义 $A_k^{(n)}$ 为满足下列不等式的诸 x 中的最小者

$$F(x-0) \leqslant \frac{k}{n} \leqslant F(x+0) \tag{133}$$

显然，当 $n \to +\infty$ 时，$A_k^{(n)} \to -\infty$，因为 $\frac{k}{n} \to 0$.

由式（131），对于任意 $0 < \varepsilon' < \varepsilon$，有

$$\frac{F(A_k^{(n)} - \varepsilon)}{F(A_k^{(n)} - \varepsilon')} \to 0 \quad (n \to +\infty)$$

因此，由于 $\varepsilon' < \varepsilon$ 的任意性，得

$$\frac{F(A_k^{(n)} - \varepsilon)}{F(A_k^{(n)} - 0)} \to 0 \quad (n \to +\infty)$$

因而根据式（133），有

$$\frac{n}{k} F(A_k^{(n)} - \varepsilon) \to 0 \quad (n \to +\infty)$$

此即对于任意的 $\varepsilon > 0$，式（129）被满足. 另外，由式（131）得

$$\frac{F(A_k^{(n)} + \varepsilon)}{F(A_k^{(n)} + \varepsilon')} \to +\infty \quad (n \to +\infty)$$

所以

$$\frac{F(A_k^{(n)} + \varepsilon)}{F(A_k^{(n)} + 0)} \to +\infty \quad (n \to +\infty)$$

因此，有

$$\frac{n}{k} F(A_k^{(n)} + \varepsilon) \to +\infty \quad (n \to +\infty)$$

此即证明式（129）成立. 由引理 4 即知，$\xi_k^{(n)}$ 是稳定的，故条件（131）是充分的. 定理得证.

如果对于任意的 x 恒有

$$F(x) < 1$$

46

则具有固定右名次 $n-k+1=k'$ 的项的稳定性的必要与充分条件是

$$\frac{1-F(x+\varepsilon)}{1-F(x)}\to 0 \quad (x\to +\infty) \tag{134}$$

§2　边项的相对稳定性

若 x 为任意的,而 $F(x)>0$,我们将考虑另一种较广泛的稳定性,其定义与辛钦[3]关于定号随机变量和所引进者相似. 具有固定秩数的随机变量序列 $\xi_k^{(n)}$ 称为相对稳定的,如果有一列负常数 $B_k^{(n)}$ 存在,使得对于任意的 $\varepsilon>0$,有

$$P\{B_k^{(n)}(1+\varepsilon)\leqslant \xi_k^{(n)}\leqslant B_k^{(n)}(1-\varepsilon)\}\to 1 \quad (n\to +\infty) \tag{135}$$

我们现在证明,格涅坚科所得到的最小项 $(k=1)$ 的相对稳定性的条件对于任意的固定 k 仍然有效.

定理 13　若对于任意的 $x,F(x)>0$,则具有固定名次 k 的序列 $\xi_k^{(n)}$ 为相对稳定的必要与充分条件是:对于任意的 $v>1$,有

$$\frac{F(vx)}{F(x)}\to 0 \quad (x\to -\infty) \tag{136}$$

证明　仿照 §1 中引理 4 的证法,可以证明式(135)等价于下列关系式

$$nF(B_k^{(n)}(1-\varepsilon))\to +\infty \quad (n\to +\infty) \tag{137}$$

$$nF(B_k^{(n)}(1+\varepsilon))\to 0 \quad (n\to +\infty) \tag{137'}$$

设式(136)为真. 定义 $B_k^{(n)}$ 为满足下列不等式的诸 x 中的最小者

$$F(x(1+0))\leqslant \frac{k}{n}\leqslant F(x(1-0)) \tag{138}$$

显然,当 $n\to +\infty$ 时, $B_k^{(n)}\to -\infty$.

由式(136)可知,对于任意的 $0<\varepsilon'<\varepsilon$,有

$$\frac{F(B_k^{(n)}(1-\varepsilon))}{F(B_k^{(n)}(1-\varepsilon'))}\to +\infty \quad (n\to +\infty)$$

由此即知,对于任意的 $\varepsilon>0$,有

$$\frac{F(B_k^{(n)}(1-\varepsilon))}{F(B_k^{(n)}(1-0))}\to +\infty \quad (n\to +\infty)$$

47

因而,有

$$\frac{n}{k}F(B_k^{(n)}(1-\varepsilon))\rightarrow+\infty \quad (n\rightarrow+\infty)$$

此即证明了式(137)成立.

同样可得

$$\frac{F(B_k^{(n)}(1+\varepsilon))}{F(B_k^{(n)}(1+0))}\rightarrow0 \quad (n\rightarrow+\infty)$$

由此即得式(137′).所以,如果式(136)被满足,那么对于由式(138)所定义的 $B_k^{(n)}$ 来说,式(137)与式(137′)成立,亦即 $\xi_k^{(n)}$ 为相对稳定的.反之,若有某一序列 $B_k^{(n)}$,使式(137)与式(137′)成立,则显然,当 $n\rightarrow+\infty$ 时

$$B_k^{(n)}\rightarrow-\infty$$

对于任意给定的 $x<0$(设其绝对值充分大),可以找到 $n_x=\bar{n}$,使得

$$B_k^{(\bar{n})}\leqslant x\leqslant B_k^{(\bar{n}-1)}$$

对于任意的 $\varepsilon>0$ 及 $0<\eta<1$ 有

$$\frac{F(x(1+\varepsilon))}{F(x(1-\eta))}\leqslant\frac{F(B_k^{(\bar{n}-1)}(1+\varepsilon))}{F(B_k^{(\bar{n})}(1-\eta))} \tag{139}$$

因此,由式(137)及式(137′)得

$$\frac{F(x(1+\varepsilon))}{F(x(1-\eta))}\rightarrow0 \quad (x\rightarrow-\infty)$$

此即式(136),定理得证.

§3　边项的分布的极限类型

本节研究当 $n\rightarrow+\infty$ 时,具有固定名次 k 的项 $\xi_k^{(n)}$ 的序列的一切可能极限分布律型.这个研究的出发点是下述定理,类似于第1章的定理4.

定理 14　当 $n\rightarrow+\infty$ 时,对于固定的 k 及适当选择的常数 a_n 与 b_n 有

$$\Phi_{kn}(a_nx+b_n)\rightarrow\Phi(x) \quad (n\rightarrow+\infty) \tag{140}$$

其中 $\Phi(x)$ 是非退化的分布律,必须且只需满足以下条件

$$v_n(x)=nF(a_nx+b_n)\rightarrow v(x) \quad (n\rightarrow+\infty) \tag{141}$$

变序的项的极限分布律

其中 $v(x)$ 为非负的及非减的函数,由以下方程确定

$$\frac{1}{(k-1)!}\int_0^{v(x)} \mathrm{e}^{-x}x^{k-1}\mathrm{d}x = \Phi(x) \tag{142}$$

证明　为了证明本定理,我们应用第 2 章的 §1 中的引理 3. 根据这个引理,有

$$\frac{(1-\sigma_n)}{(k-1)!}\int_0^{nF(a_nx+b_n)} \mathrm{e}^{-x}x^{k-1}\mathrm{d}x \leqslant$$

$$\Phi_{kn}(a_nx+b_n) \leqslant \tag{143}$$

$$\frac{(1+\rho_n)}{(k-1)!}\int_0^{nF(a_nx+b_n)} \mathrm{e}^{-x}x^{k-1}\mathrm{d}x$$

其中 ρ_n 及 σ_n 趋于零($n\to+\infty$).

若式(140)成立,则由式(142)与式(143),当 n 充分大时,对于任意的 $\varepsilon>0$,有

$$v(x)-\eta_2(\varepsilon)\leqslant nF(a_nx+b_n)\leqslant v(x)+\eta_1(\varepsilon)$$

其中 $\eta_1(\varepsilon),\eta_2(\varepsilon)$ 与 ε 同时趋于零. 故式(141)成立.

另外,若式(141)成立,则由不等式(143)立即得式(140),所以式(141)的必要性及充分性得证.

现在证明下述定理,借之可以确定所考虑的边项的序列的极限分布律的总体.

定理 15　若分布律

$$\Phi(x) = \frac{1}{(k-1)!}\int_0^{v(x)} \mathrm{e}^{-x}x^{k-1}\mathrm{d}x$$

是适当地正则化的项 $\xi_k^{(n)}$ 的序列的极限律,其中 $v(x)$ 是非负的增函数 $(v(-\infty)=0,v(+\infty)=+\infty)$,则 $v(x)$ 必须满足以下条件:对于每一正整数 ν,存在常数 $a_\nu(a_\nu>0)$ 与 b_ν 使得

$$\nu v(a_\nu x+\beta_\nu)=v(x) \tag{144}$$

证明　事实上,设有两个常数 $a_n(a_n>0)$ 及 b_n,使得式(140)成立. 则由定理 14 可知,在函数 $v(x)$ 的每一个连续点上,有

$$nF(a_nx+b_n)\to v(x) \quad (n\to+\infty)$$

所以,对于任意正整数 ν 有

$$n\nu F(a_{n\nu}x+b_{n\nu})\to v(x) \quad (n\to+\infty)$$

故

$$nF(a_{n\nu}x + b_{n\nu}) \to \frac{v(x)}{\nu} = v_1(x) \quad (n \to +\infty) \tag{145}$$

由定理 14 及式(145)得

$$\Phi_{kn}(a_{n\nu}x + b_{n\nu}) \to \Phi_1(x) = \frac{1}{(k-1)!}\int_0^{v_1(x)} e^{-x}x^{k-1}dx$$

应用前述的辛钦定理可知,极限分布律 $\Phi(x)$ 及 $\Phi_1(x)$ 属于同一类型. 换言之,即有 $\alpha_\nu(\alpha_\nu > 0)$ 及 β_ν 存在,使得

$$\Phi_1(x) = \Phi(\alpha_\nu x + \beta_\nu)$$

由此

$$v(\alpha_\nu x + \beta_\nu) = v_1(x) = \frac{v(x)}{\nu}$$

因而式(144)得证.

现在证明基本定理,由此定理,可将现在的情况下的极限律 $\Phi(x)$ 分类.

定理 16 具有固定名次 k 的边项的序列的非退化极限律共有下列三种类型:

(1)

$$\psi_\alpha^{(k)}(x) = 0 \quad (x < 0)$$

$$\psi_\alpha^{(k)}(x) = \frac{1}{(k-1)!}\int_0^{x^\alpha} e^{-x}x^{k-1}dx \quad (x > 0, \alpha > 0) \tag{146}$$

(2)

$$\varphi_\alpha^{(k)}(x) = \frac{1}{(k-1)!}\int_0^{|x|^{-\alpha}} e^{-x}x^{k-1}dx \quad (x < 0, \alpha > 0)$$

$$\varphi_n^{(k)}(x) = 1 \quad (x > 0) \tag{146'}$$

(3)

$$\lambda^{(k)}(x) = \frac{1}{(k-1)!}\int_0^{e^x} e^{-x}x^{k-1}dx \quad (-\infty < x < +\infty) \tag{146''}$$

证明 设对于某些选定的常数 a_n, b_n 及固定的 k,有

$$\Phi_{kn}(a_nx + b_n) \to \Phi(x) = \frac{1}{(k-1)!}\int_0^{v(x)} e^{-x}x^{k-1}dx$$

$$(n \to +\infty)$$

我们已经看到,这时增函数 $v(x)$ 满足式(144).

变序的项的极限分布律

（a）首先考察对于某一整数 $\nu>1,\alpha_\nu>1$ 的情形. 当

$$x\geqslant x_0=\frac{\beta_\nu}{1-\alpha_\nu}$$

时

$$\alpha_\nu x+\beta_\nu\leqslant x$$

因此,当 $x\geqslant x_0$ 时

$$v(\alpha_\nu x+\beta_\nu)\leqslant v(x)$$

式(144)及条件 $v(-\infty)=+\infty$ 只当对于任意的 $x>x_0,v(x)=+\infty$ 时可以适合. 但当 $x<x_0$ 时,$v(x)<+\infty$. 事实上,设对于某一 $x'<x_0$,有 $v(x')=+\infty$, 则对任何的 $x<x_0$,可以找到 n 使得

$$z_n=\alpha_\nu^n x'+\beta_\nu(1+\alpha_\nu+\alpha_\nu^2+\cdots+\alpha_\nu^{n-1})<x$$

故

$$v(z_n)\leqslant v(x)$$

由式(144)得

$$\nu^n v(z_n)=\nu^{n-1}v(z_{n-1})=\cdots=v(x')=+\infty$$

因此,对于任意的 $x<x_0$,有

$$v(x)=+\infty$$

此与 $v(-\infty)=0$ 相矛盾. 故当 $x>x_0$ 时

$$v(x)=+\infty$$

而当 $x<x_0$ 时

$$v(x)<+\infty$$

（b）其次考察对于某一个 $\nu,\alpha_\nu<1$ 的情形. 此时,若

$$x\leqslant x_0=\frac{\beta_\nu}{1-\alpha_\nu}$$

则

$$\alpha_\nu x+\beta_\nu\geqslant x$$

因而

$$v(\alpha_\nu x+\beta_\nu)\geqslant v(x)$$

由式(144)可知,当 $x\leqslant x_0$ 时,$v(x)=0$. 另外,当 $x>x_0$ 时,$v(x)>0$. 事实上,假设有一 $x'>x_0$,使得 $v(x')=0$.

关系式(144)可以写作下面的形式

$$v(x) = \frac{1}{\nu} v(\alpha'_\nu x + \beta'_\nu)$$

其中

$$\alpha'_\nu = \frac{1}{\alpha_\nu} > 1, \beta'_\nu = -\frac{\beta_\nu}{\alpha_\nu}$$

对于任意的

$$x > x_0 = \frac{\beta_\nu}{1 - \alpha_\nu} = \frac{\beta'_\nu}{1 - \alpha'_\nu}$$

可以找到 n,使得

$$\xi_n = \alpha'^n_\nu x' + \beta'_\nu (1 + \alpha'_\nu + \alpha'^2_\nu + \cdots + \alpha'^{n-1}_\nu) > x$$

故

$$v(\xi_n) \geqslant v(x)$$

但

$$v(\xi_n) = \nu v(\xi_{n-1}) = \cdots = \nu^n v(x') = 0$$

所以,对于任意的 $x > x_0$,有 $v(x) = 0$. 此与 $v(+\infty) = +\infty$ 相矛盾.

所以,对某一个 ν,$\alpha_\nu < 1$,当 $x < x_0$ 时,$v(x) = 0$,而当 $x > x_0$ 时,$v(x) > 0$.

(c) 最后,在第三种可能情形 $\alpha_\nu = 1$ 之下,式(144)可以写作

$$\nu v(x + \beta_\nu) = v(x)$$

容易看出,在这种情形下,函数 $v(x)$ 不能等于 0 与 $+\infty$. 由此知,若对于某一 ν,$\alpha_\nu > 1$,而 $\Phi(x)$ 是非退化律,则对于任意的 ν,皆有 $\alpha_\nu > 1$. 事实上,在这种情形下,我们已知知道,当 $x > x_0$ 时,$v(x) = +\infty$,而当 $x < x_0$ 时,$v(x) < +\infty$,所以不可能有 ν_0,使 $\alpha_{\nu_0} = 1$,否则,对于任意的 x,有 $v(x) < +\infty$. 若对于某一 $\nu = \nu_0$,我们有 $\alpha_{\nu_0} < 1$,则当 $x < \frac{\beta_{\nu_0}}{1 - \alpha_{\nu_0}}$ 时,有 $v(x) = 0$(根据上段的结果).

显然

$$\frac{\beta_{\nu_0}}{1 - \alpha_{\nu_0}} \leqslant x_0$$

令

$$\frac{\beta_{\nu_0}}{1 - \alpha_{\nu_0}} < x' < x_0$$

52

当 n 足够大时

$$\xi_n = \alpha_\nu^n x' + \beta_\nu (1 + \alpha_\nu + \cdots + \alpha_\nu^{n-1}) < \frac{\beta_{\nu_0}}{1 - \alpha_{\nu_0}} \quad (\alpha_\nu > 1)$$

故

$$v(\xi_n) = 0$$

但

$$\nu^n v(\xi_n) = \cdots = v(x')$$

故

$$v(x') = 0$$

这样看来,我们得到,当 $x > x_0$ 时,$v(x) = + \infty$,而当 $x < x_0$ 时,$v(x) = 0$,而分布律 $\Phi(x)$ 就是退化的. 同理,如果 $\Phi(x)$ 是非退化的,那么,若有一个 ν,使得 $\alpha_\nu < 1$,则对于任意的 ν,皆有 $\alpha_\nu < 1$. 当 $\alpha_\nu \neq 1$ 时,$x_0 = \dfrac{\beta_\nu}{1 - \alpha_\nu}$ 与 ν 无关.

令

$$\overline{v}(x) = v(x + x_0)$$

由式 (144) 得

$$\nu \overline{v}(\alpha_\nu x) = \nu v(\alpha_\nu (x + x_0) + \beta_\nu) = v(x + x_0) = \overline{v}(x)$$

亦即对于任意整数 ν,有

$$\nu \overline{v}(\alpha_\nu x) = \overline{v}(x) \tag{147}$$

这个函数方程的增函数解,如果满足条件:当 $x < 0$ 时,$\overline{v}(x) = 0$;当 $x > 0$ 时,$\overline{v}(x) > 0$,只能是

$$\overline{v}(x) = c x^\alpha \quad (x > 0 , \alpha > 0 , c > 0)$$

$$\overline{v}(x) = 0 \quad (x < 0)$$

此时分布律属于律型 $\psi_\alpha^{(k)}(x)$.

若 $\alpha_\nu = 1$,则我们已经看到,式 (144) 可以写作

$$\nu v(x + \beta_\nu) = v(x)$$

而且

$$0 < v(x) < + \infty$$

令

$$x = \ln z , \beta_\nu = \ln c_\nu$$

并令

$$\bar{v}(z) = v(\ln z)$$

则

$$\nu v(\ln c_\nu z) = v(\ln z)$$

亦即对于任意 $z \geq 0$，有

$$\nu \bar{v}(c_\nu z) = \bar{v}(z)$$

这个对于 $z \geq 0$ 的函数方程的唯一的单调函数解是

$$\bar{v}(z) = cz^\alpha \quad (\alpha > 0, c > 0)$$

故

$$v(x) = ce^{\alpha x}$$

此时分布律属于律型 $\lambda^{(k)}(x)$.

定理 16 得证.

推论 1　应用第 1 章的公式（7），则由刚才所证的定理容易推出，具有固定右名次 $n-k+1$ 的边项的分布律的唯一可能的（非退化的）极限是与 $\psi_x^{(k)}(x), \varphi_\alpha^{(k)}(x)$ 及 $\lambda^{(k)}(x)$ 对称的分布律：

（1）

$$\psi_\alpha^{(k)}(x) = 1 \quad (x > 0)$$
$$\psi_\alpha^{(k)}(x) = \frac{1}{(k-1)!}\int_{(-x)^\alpha}^{+\infty} e^{-x}x^{k-1}dx \quad (x < 0) \tag{148}$$

（2）

$$\varphi_\alpha^{(k)}(x) = 0 \quad (x < 0)$$
$$\varphi_\alpha^{(k)}(x) = \frac{1}{(k-1)!}\int_{x^{-\alpha}}^{+\infty} e^{-x}x^{k-1}dx \quad (x > 0) \tag{148'}$$

（3）

$$\lambda^{(k)}(x) = \frac{1}{(k-1)!}\int_{e^{-x}}^{+\infty} e^{-x}x^{k-1}dx \quad (-\infty < x < +\infty) \tag{148''}$$

54

§4　分布律型 $\psi_\alpha^{(k)}(x),\varphi_\alpha^{(k)}(x)$ 及 $\lambda^{(k)}(x)$ 的吸引场

对于具有 $k=1$ 及 $k=n$ 的边项的序列,上面给出的各极限律型的吸引场已被格涅坚科确定[1]. 现在,我们将证明格涅坚科的结果对于较普遍的情形,即 k(或 $n-k+1$)为常数时,仍然是对的.

格涅坚科定理的推广:

定理 17　律 $F(x)$ 属于律型 $\psi_\alpha^{(k)}(x)$ 的吸引场的必要与充分条件是:

(1)存在一个值 x_0,使得对于任意的 $\varepsilon>0$,有

$$F(x_0)=0 \text{ 及 } F(x_0+\varepsilon)>0$$

(2)对于任意的 $\tau>0$,有

$$\lim \frac{F(x_0+\tau x)}{F(x_0+x)}=\tau^\alpha \quad (x\to 0^+)$$

定理 18　律 $F(x)$ 属于律型 $\varphi_\alpha^{(k)}(x)$ 的吸引场的必要与充分条件是:对于任意的 $\tau>0$,有

$$\frac{F(x)}{F(\tau x)}\to \tau^\alpha \quad (x\to -\infty)$$

定理 19　律 $F(x)$ 属于律型 $\lambda^{(k)}(x)$ 的吸引场的必要与充分条件是:对于任意的 x,有

$$nF(a_n x+b_n)\to e^x \quad (x\to +\infty)$$

此处常数 b_n 是满足下列不等式的诸 x 中的最小者

$$F(x-0)\leqslant \frac{1}{n}<F(x+0)$$

而常数 a_n 是满足下列不等式的诸 $x(x>0)$ 中的最小者

$$F(b_n-x(1+0))\leqslant \frac{1}{ne}\leqslant F(b_n-x(1-0))$$

这三个定理的证明是基于本章的 §3 的定理 14. 按照这个定理,$F(x)$ 属于上述各律型的吸引场的必要与充分条件变为以下关系:对于适当选择的

$a_n (a_n > 0)$ 与 b_n 有

$$nF(a_n x + b_n) \rightarrow v(x) \quad (n \rightarrow +\infty) \tag{149}$$

并且 $v(x)$ 的定义如下:

(1)对于律型 $\psi_\alpha^{(k)}(x)$ 来说,有

$$v(x) = 0 \quad (x < 0)$$

$$v(x) = x^\alpha \quad (x > 0)$$

(2)对于律型 $\varphi_\alpha^{(k)}(x)$ 来说,有

$$v(x) = (-x)^{-\alpha} \quad (x < 0)$$

$$v(x) = +\infty \quad (x > 0)$$

(3)对于律型 $\lambda^{(k)}(x)$ 来说,有

$$v(x) = e^x \quad (-\infty < x < +\infty)$$

条件(149)不包含名次 k,它是对于格涅坚科[1]所考虑的情形的定理 17~19 的证明的出发点(格涅坚科用其他的方法得到条件(149)).

若对于某一个 $k = k_1$,律 $F(x)$ 属于律型 $\psi_\alpha^{(k)}(x)$, $\varphi_\alpha^{(k)}(x)$, $\lambda^{(k)}(x)$ 中任何一个的吸引场,则对于任意的 k,$F(x)$ 也属于此场.

但当 $k = 1$ 时,定理 17~19 的条件已由格涅坚科证明是必要与充分的.

所以,对于任意的 k,这些条件亦是必要与充分的. 还要指出,$F(x)$ 属于 $\lambda^k(x)$ 的吸引场的必要与充分条件的其他陈述①亦可不加修正而移用到当 k 任意时的情形.

最后,我们举几个应用定理 17~19 的简单例子,我们考察独立随机变量 $x_1, x_2, \cdots, x_n$ 的按绝对值大小排列后的第 k 个绝对值的分布,假定每一个 x_m 遵循正态分布律

$$E(x_m) = 0, E(x_m^2) = \sigma^2 \quad (m = 1, 2, \cdots, n)$$

$$P(|x_n| < x) = F(x) = \frac{2}{\sqrt{2\pi}\sigma} \int_0^x e^{-\frac{x^2}{2\sigma^2}} dx \quad (x > 0)$$

$$F(x) = 0 \quad (x < 0)$$

因为对于任意的 $\tau > 0$,有

---

① 参看文献[1]的定理 7,448~451 页.

变序的项的极限分布律

$$\frac{F(\tau x)}{F(x)} \to \tau \quad (x \to 0^+)$$

故由定理 17 可知,序列

$$|x_1|, |x_2|, \cdots, |x_n|$$

按大小排列后的第 k 项 $\overline{\xi}_k^{(n)}$ 的分布函数,当 n 增大时,趋向属于律型 $\psi_1^{(k)}(x)$
[K. 皮尔逊(K. Pearson)第三型曲线]

$$P\{\xi_k^{(n)} < a_n x\} = \Phi_{kn}(a_n x) \to \frac{1}{(k-1)!} \int_0^x \mathrm{e}^{-x} x^{k-1} \mathrm{d}x$$

$$(n \to +\infty, x > 0)$$

而且

$$a_n = \sqrt{\frac{\pi}{2}} \frac{\sigma}{n}$$

另外,若我们考察 $x_1, x_2, \cdots, x_n$ 本身按大小排列后的第 k 项 $\xi_k^{(n)}$ 的分布,则为所周知[①],极限分布属于律型 $\lambda^{(k)}(x)$,则

$$P\left\{\frac{\xi_k^{(n)} - b_n}{a_n} < x\right\} \to \frac{1}{(k-1)!} \int_{-\infty}^x \mathrm{e}^{-\mathrm{e}^z + kz} \mathrm{d}z$$

$$a_n = \frac{\sigma}{\sqrt{2\ln n}}$$

$$b_n = -\sigma\sqrt{2\ln n} + \sigma \frac{\ln \ln n + \ln 4\pi}{2\sqrt{2\ln n}}$$

最后,若 x_m 的分布是柯西(Cauchy)分布

$$F(x) = \frac{\lambda}{\pi} \int_{-\infty}^x \frac{\mathrm{d}t}{\lambda^2 + (t - \mu)^2}$$

则 $\xi_k^{(n)}$ 的极限分布属于律型 $\varphi_1^{(k)}(x)$,有

$$\Phi_{kn}\left(\mu + \frac{\lambda_n}{\pi} x\right) \to \frac{1}{(k-1)!} \int_0^{-\frac{1}{x}} \mathrm{e}^{-x} x^{k-1} \mathrm{d}x$$

$$(n \to +\infty, x < 0)$$

---

① 参看 H. Cramér, *Mathematical Method of Statisics*, 374～375 页.

参考文献

[1] Гнеденко Б В. Sur la distribution limite du terme maximum d'une serie aléotoire. Annals of Mathmatics, 1943, 44(3):2.

[2] Гнеденко Б В. Предельные теоремы для максимального члёна Вариапионного ряда, дан. 32, 1941.

[3] Хинчин А Я. Предельные законы для сумм независимых случайных величин. гонти, 1938.

变序的项的极限分布律